上海市工程建设规范

水利工程信息模型应用标准

Application standard for water resources engineering information

DG/TJ 08－2307－2019

J 14949－2019

主编单位：上海市水利工程设计研究院有限公司

批准部门：上海市住房和城乡建设管理委员会

施行日期：2020 年 5 月 1 日

同济大学出版社

2020 上海

图书在版编目(CIP)数据

水利工程信息模型应用标准/上海市水利工程设计研究院有限公司主编. --上海:同济大学出版社,2020.4

ISBN 978-7-5608-9191-0

Ⅰ. ①水… Ⅱ. ①上… Ⅲ. ①水利工程—模型(建筑)—设计标准—上海 Ⅳ. ①TV5-65

中国版本图书馆 CIP 数据核字(2020)第 033450 号

水利工程信息模型应用标准

上海市水利工程设计研究院有限公司　主编

策划编辑　张平官

责任编辑　朱　勇

责任校对　徐春莲

封面设计　陈益平

出版发行　同济大学出版社　　www.tongjipress.com.cn

（地址:上海市四平路 1239 号　邮编:200092　电话:021—65985622）

经　　销　全国各地新华书店

印　　刷　浦江求真印务有限公司

开　　本　889mm×1194mm　1/32

印　　张　6.375

字　　数　171000

版　　次　2020 年 4 月第 1 版　　2020 年 4 月第 1 次印刷

书　　号　ISBN 978-7-5608-9191-0

定　　价　60.00 元

上海市住房和城乡建设管理委员会文件

沪建标定〔2019〕798 号

上海市住房和城乡建设管理委员会
关于批准《水利工程信息模型应用标准》为
上海市工程建设规范的通知

各有关单位：

由上海市水利工程设计研究院有限公司主编的《水利工程信息模型应用标准》，经我委审核，现批准为上海市工程建设规范，统一编号 DG/TJ 08－2307－2019，自 2020 年 5 月 1 日起实施。

本规范由上海市住房和城乡建设管理委员会负责管理，上海市水利工程设计研究院有限公司负责解释。

特此通知。

上海市住房和城乡建设管理委员会

二〇一九年十二月五日

前　言

根据上海市住房和城乡建设管理委员会《关于印发〈2017年上海市工程建设规范编制计划〉的通知》（沪建标定〔2016〕1076号）的要求，上海市水务局组织上海市水利工程设计研究院有限公司和上海市堤防（泵闸）设施管理处开展标准编制工作。标准编制组经调查研究，认真总结本市水利工程实践经验，参考有关国内外标准，并在广泛征求意见的基础上，制定了本标准。

本标准的主要内容有：总则；术语；基本规定；基础数据；协同工作；信息模型应用；项目建议书阶段；可行性研究阶段；初步设计阶段；施工图设计阶段；施工和竣工阶段；运维阶段。

各单位及相关人员在执行本标准过程中，如有意见和建议，请反馈至上海市水利工程设计研究院有限公司（地址：上海市普陀区华池路58弄3号楼；邮编：200061），或上海市建筑建材业市场管理总站（地址：上海市徐汇区小木桥路683号；邮编：200032；E-mail：bzglk@zjw.sh.gov.cn），以便修订时参考。

主编单位：上海市水利工程设计研究院有限公司

参编单位：上海市堤防（泵闸）设施管理处

主要起草人员：刘新成　卓鹏飞　王　军　李国林　疏正宏
朱定国　周金明　张　伟　石俊杰　周　亮
于　尧　周奕琦　钟亚丽　曹兴旺　祖启艾
陈丽芳　卢育芳　兰士刚　田爱平　欧　洋
徐　峰　王雪丰　李东玮　潘　源　夏小娟
陆明丽　张　鹏　顾诗意

主要审查人员：高承勇　苏耀军　王国俭　叶源新　琚　娟

蒋力俭　陈　健

上海市建筑建材业市场管理总站

2019 年 10 月

目　次

1　总　则 …………………………………………………… 1
2　术　语 …………………………………………………… 2
3　基本规定 ………………………………………………… 4
3.1　一般规定 ……………………………………………… 4
3.2　建模规则 ……………………………………………… 4
3.3　模型精细度 …………………………………………… 5
4　基础数据 ………………………………………………… 12
4.1　一般规定 ……………………………………………… 12
4.2　对象编码 ……………………………………………… 12
4.3　数据交互和交付 ……………………………………… 14
5　协同工作 ………………………………………………… 15
5.1　一般规定 ……………………………………………… 15
5.2　协同方法 ……………………………………………… 15
5.3　协同平台 ……………………………………………… 15
6　信息模型应用 …………………………………………… 17
7　项目建议书阶段 ………………………………………… 19
7.1　场地现状仿真 ………………………………………… 19
7.2　工程选址及选线 ……………………………………… 19
8　可行性研究阶段 ………………………………………… 21
8.1　地形和地质分析 ……………………………………… 21
8.2　总体布置 ……………………………………………… 21
8.3　主要建筑物及设备型式方案比选 …………………… 22
9　初步设计阶段 …………………………………………… 23
9.1　建筑物尺寸确定及设备比选 ………………………… 23

9.2 概算工程量统计 …… 23
9.3 施工进度虚拟仿真 …… 24
10 施工图设计阶段 …… 25
10.1 模型会审 …… 25
10.2 主要设备运输和吊装检查 …… 26
10.3 制图发布 …… 26
10.4 效果渲染与动画制作 …… 27
11 施工和竣工阶段 …… 28
11.1 施工场区布置 …… 28
11.2 施工进度控制 …… 28
11.3 施工质量控制与安全控制 …… 29
11.4 造价管理工程量计算 …… 30
11.5 竣工模型构建 …… 30
12 运维阶段 …… 32
12.1 设备集成与监控 …… 32
12.2 安全监测 …… 32
12.3 应急事件管理 …… 33
12.4 资产管理 …… 34
附录A 水利工程建模范围及要求 …… 35
附录B 水利工程信息模型元素建模精度等级表 …… 39
附录C 水利工程信息模型几何信息粒度等级表 …… 69
附录D 水利工程信息模型非几何信息粒度等级表 …… 78
附录E 水利工程信息模型数据编码表 …… 102
本标准用词说明 …… 135
引用标准名录 …… 136
条文说明 …… 137

Contents

1 General provisions …… 1
2 Terms …… 2
3 Basic requirements …… 4
3.1 General requirements …… 4
3.2 Modeling rules …… 4
3.3 Level of detail for information model …… 5
4 Fundamental data …… 12
4.1 General requirements …… 12
4.2 Objects encoding …… 12
4.3 Data exchange and delivery …… 14
5 Collaborative working …… 15
5.1 General requirements …… 15
5.2 Collaboration methodology …… 15
5.3 Collaboration platform …… 15
6 Information model application …… 17
7 Project proposal phase …… 19
7.1 Site simulation …… 19
7.2 Project site and route selection …… 19
8 Feasibility study phase …… 21
8.1 Terrain and geology analysis …… 21
8.2 General layout …… 21
8.3 Major buildings and equipments selection …… 22
9 Preliminary design phase …… 23

9.1 Building size determination and equipment selection ······ 23
9.2 Quantity statistics ······ 23
9.3 Construction process simulation ······ 24
10 Design phase for construction documents ······ 25
10.1 Model joint review ······ 25
10.2 Major equipment transporation and lifting inspection ······ 26
10.3 Drawing and release ······ 26
10.4 Rendering and visualization ······ 27
11 Construction and completion phase ······ 28
11.1 Construction area layout ······ 28
11.2 Construction process control ······ 28
11.3 Construction quality and safety control ······ 29
11.4 Quantity statistics for cost management ······ 30
11.5 Completion model creation ······ 30
12 Operation and maintenance phase ······ 32
12.1 Equipment integration and monitoring ······ 32
12.2 Safety monitoring ······ 32
12.3 Emergency management ······ 33
12.4 Asset management ······ 34
Appendix A Water resource engineering modeling range and requirement(by major) ······ 35
Appendix B Water resource engineering information model (elements) modeling development classification ······ 39
Appendix C Water resource engineering information model (elements) geometric data classification ······ 69

Appendix D Water resource engineering information model (elements) non-geometric data classification ······ 78
Appendix E Water resource engineering information model data classification and encoding index table ······ 102
Explanation of wording in this standard ······ 135
List of quoted standards ······ 136
Explanation of provisions ······ 137

1 总 则

1.0.1 为规范本市水利工程信息模型应用，规定标准化应用的过程，交付标准化应用成果，制定本标准。

1.0.2 本标准适用于新建、改建、扩建的水利工程及其配套工程的信息模型在工程全生命周期的应用。

1.0.3 水利工程信息模型的应用，除应符合本标准的规定外，尚应符合国家现行有关标准的规定。

2 术 语

2.0.1 水利工程信息模型 water resources engineering information model

水利工程在全生命周期内的物理特征、功能特性及管理要素的数字化表达，简称信息模型。

2.0.2 信息模型元素 information model element

水利工程中独立或与其他部分结合，满足水利工程功能的基本组成单元。

2.0.3 信息模型构件 information model component

表达水利工程项目特定位置的设施设备并赋予其具体属性信息的模型组件，构件可以是单个模型组件或多个模型组件的集合。

2.0.4 协同平台 collaboration platform

为信息模型数据共享及交互的协调工作，建立多专业、多参与方协同工作的软硬件环境，包含但不限于协同管理过程中的流程、合同、数据管理。

2.0.5 信息模型应用 application of information model

在工程全生命周期内，对模型进行整合、可视化等，对信息进行提取、检查、分析、更改、交付等过程，如碰撞检测、工程量统计等。

2.0.6 子模型 sub-model

水利工程信息模型中可独立支持特定任务或应用功能的模型子集，简称子模型。

2.0.7 几何信息 geometric data

信息模型构件有关几何形态和空间位置的信息集合。

2.0.8 非几何信息 non-geometric data

除几何信息之外所有信息集合。

2.0.9 模型精细度 level of detail for information model

表示信息模型的完整性、细致程度及准确性的指标，包括建模精度和信息粒度。

2.0.10 建模精度 level of modeling development

水利工程信息模型在建模过程中，模型几何尺寸、颜色、材质、构造、零部件特征等可视化的细致程度。低于建模精度等级指标要求的几何变化，当不影响使用需求时，可不必可视化表达。

2.0.11 信息粒度 level of information development

水利工程信息模型所承载的几何信息与非几何信息的详细程度，包含几何信息粒度和非几何信息粒度，其中，非几何信息可进一步划分为通用属性信息和专项属性信息。

2.0.12 信息模型交付 delivery of information model

在数据传递过程中，将信息模型按来源、格式、级别、时间等以数据集合的成果形式，按标准化交付流程、协议或约定，交付数据接收方的行为和过程。

3 基本规定

3.1 一般规定

3.1.1 信息模型宜覆盖工程全生命周期。

3.1.2 信息模型可按工程阶段划分为:项目建议书模型、可行性研究模型、初步设计模型、施工图设计模型、施工深化模型、施工阶段模型、竣工模型、运维管理模型。各阶段模型信息和数据应具有继承性。

3.1.3 信息模型宜由建设单位主导,设计单位创建,咨询、施工单位辅助创建和更新,使信息模型覆盖工程全生命周期。

3.1.4 在建立和应用信息模型的过程中,应充分利用协同平台,实现各阶段、各参与方、各专业的信息有效传递及管控。

3.1.5 应建立安全协议、存储备份、调用规则、接口标准化、权限控制等模型管理机制,保障信息模型存储和传递安全。

3.2 建模规则

3.2.1 宜按功能、工程类别、专业、部位等方式进行工程划分和建模,并根据需求链接各方模型,形成子模型或总装模型。

3.2.2 水利工程建模范围及要求宜符合附录 A 的规定。

3.2.3 信息模型应采用统一的坐标系统和高程系统。

3.2.4 信息模型应采用统一的度量制和单位。

3.3 模型精细度

3.3.1 信息模型精细度应包括建模精度和信息粒度。建模精度和信息粒度按水工结构、水力机械、金属结构、电气不同专业划分为五个等级，以 LOD100～LOD500 标识，宜符合表 3.3.1-1～表 3.3.1-4 的规定。

表 3.3.1-1 水工结构专业建模精度和信息粒度等级定义

等级	等级总体描述	建模精度	信息粒度	
			几何信息粒度	非几何信息粒度
LOD100	水工结构概念化数据，一般用于项目建议书阶段	概念形状建模，包含基本占位轮廓、粗略尺寸、方位、总体高度、规划线。建模精度可为 3m。如无可视化需求，可二维表达	具有概念级普遍性特征的数据，主要包括范围、高度、型式、相对位置、朝向、上下游、基本地理信息、控制性点坐标等	项目基本信息，主要包括工程名称、建设地点、主体功能及规模、防洪标准等；构件基本信息，主要包括工程等级、设计使用年限、环境类别等
LOD200	水工结构初步表达数据，一般用于可行性研究阶段	单元近似形状建模，具有关键轮廓控制尺寸，宜体现工程主要结构型式。建模精度可为 100mm	具有初步形状特征的数据，包括大致的范围、尺寸、形状、位置和方向，基本地理信息、构件分类与数量、空间布置等	工程选址选线信息、构件的主要特征指标、材料信息、主要物理力学指标等
LOD300	水工结构精确表达数据，一般用于初步设计和施工图设计阶段	单元基本组成部件形状建模，具有确定的尺寸，能反映关键性的设计需求或施工要求。主要构件建模精度可为 5mm	具有精确几何特征，包括构件规格、绝对定位、相对位置、控制性尺寸及高程、概算工程量等	构件详细设计属性，包括材料组成、材料参数、技术参数、施工进度等

续表 3.3.1-1

等级	等级总体描述	建模精度	信息粒度	
			几何信息粒度	非几何信息粒度
LOD400	水工结构加工级表达数据，一般用于施工和竣工阶段	单元安装组成部件特征建模，具有准确的尺寸，可识别具体选用产品的形状特征。主要构件建模精度可为3mm	具有高精度几何特征的数据，包括构件(土建)的详细几何尺寸、用料体量及其完整链接关系等	包含构件安装信息、采购信息、供应信息、建造过程监测信息、施工信息、加工制造信息等
LOD500	水工结构完整交付表达数据，一般用于运维阶段	单元表达内容与工程实际竣工状态一致，建模精度参考LOD400	具有使用维护几何特征的数据。包括系统定位、设备组成、零部件几何尺寸和装配信息等	包含构件管理信息、使用期监测和检测信息、养护信息、资产管理与权属信息等

注：表中建模精度的量化指标指小于该数值的构件、零部件、元素等模型部分可不予表达。

表 3.3.1-2 水力机械专业建模精度和信息粒度等级定义

等级	等级总体描述	建模精度	信息粒度	
			几何信息粒度	非几何信息粒度
LOD100	水力机械抽象的概念表达，可用于各阶段的辅助系统图；当用于概念化表达时，一般用于项目建议书阶段	油、水、气、水力监测等辅助系统图，采用二维符号化的系统图；当涉及概念化数据时，可以采用近似形状建模	主要包括与水机模型相匹配的主要控制尺寸、安装高程等	系统图时，包含辅助系统设备型式、主要技术参数、数量。管道规格型号、材料。初步选定的特征扬程、水泵型式、装机台数及单机流量、电动机功率、进出水流道型式和断流方式、起重设备及主要辅助系统设备型式、基本参数、数量等

续表 3.3.1-2

等级	等级总体描述	建模精度	信息粒度	
			几何信息粒度	非几何信息粒度
LOD200	水力机械初步数据，一般用于可行性研究阶段	对水泵、齿轮箱、电动机、进出水流道或管道、主阀、起重设备建立近似形状模型，具有关键轮廓控制尺寸，宜体现设备主要零部件。设备与土建安装有关部分的建模精度可为200mm	主要包括与水机模型相匹配的控制尺寸、安装高程等	基本选定的特征扬程、水泵型式、装机台数及单机流量、电动机功率、进出水流道和断流方式；起重设备及主要辅助系统设备型式、基本参数、数量等
LOD300	水力机械的准确表达数据，一般用于初步设计阶段	对水泵、齿轮箱、电动机、进出水流道、起重设备和辅助设备建立准确的安装模型。设备与土建安装有关部分的建模精度可为10mm	主要包括与水机模型相匹配的设备的控制尺寸、安装高程、空间关系、概算工程量等	选定的特征扬程、水泵型式、装机台数及单机流量、电动机功率、进出水流道和断流方式等；起重设备及主要辅助系统设备型式、主要技术参数、数量等
LOD400	水力机械的安装级表达数据，一般用于施工图设计阶段、施工和竣工阶段	对水泵、齿轮箱、电动机、进出水流道、起重设备，辅助设备及管路建立精确的安装模型。设备和安装附件与土建安装有关部分的建模精度可为1mm。管路建模精度可为10mm	主要包括与水机模型相匹配的设备安装尺寸、安装高程、安装空间、运输吊装安全距离等	泵站特征扬程、水泵型式、装机台数及单机流量、电动机功率、进出水流道和断流方式；起重设备及主要辅助系统设备型式、主要技术参数、数量；管道规格型号、材料；采购信息、安装信息、调试与试运行信息等

续表 3.3.1-2

等级	等级总体描述	建模精度	信息粒度	
			几何信息粒度	非几何信息粒度
LOD500	水力机械的完整交付表达数据，一般用于运维交付阶段	工程对象单元表达内容与工程实际竣工状态一致，建模精度参考 LOD400	主要包括与水机模型相匹配的设备安装尺寸、安装高程、检修吊装空间等几何信息，如管路直径、长度、转角半径、角度等	宜包括设备组成中外购件、易耗品的主要技术参数、来源，设备管理维护信息、使用期监测和检测信息、寿命和报警信息、资产管理与权属信息等

注：同表 3.3.1-1 的注。

表 3.3.1-3　金属结构专业建模精度和信息粒度等级定义

等级	等级总体描述	建模精度	信息粒度	
			几何信息粒度	非几何信息粒度
LOD100	金属结构概念化数据，一般用于项目建议书阶段	金属结构设备对象概念形状建模，建模精度可为 300mm，如无可视化需求，可以二维表达	具有概念级普遍性特征，宜包括与模型相匹配的初步选定的金属结构设备主要尺寸、数量、位置等	宜包括初步选定的金属结构设备型式、型号、主要材质、主要技术参数等
LOD200	金属结构的初步表达数据，一般用于可行性研究阶段	非标准设备对象近似形状建模，具有关键轮廓控制尺寸、占位尺寸，建模精度可为 200mm；标准设备可建模或采用生产厂家提供的三维模型，建模精度可为 500mm	具有初步形状特征的数据，宜包括与模型相匹配的基本选定的金属结构设备主要尺寸、位置、数量、高程等	宜包括基本选定的金属结构设备型式、型号、主要材质、主要技术参数，设备防腐蚀的措施等

续表 3.3.1-3

等级	等级总体描述	建模精度	信息粒度	
			几何信息粒度	非几何信息粒度
LOD300	金属结构的准确表达数据，一般用于初步设计阶段	非标准设备对象准确形状建模，具有关键轮廓控制尺寸，建模精度可为100mm；标准设备及附属系统宜建模或采用生产厂家提供的准确三维模型，建模几何精度可为300mm	具有准确几何特征，宜包括与模型相匹配的选定的金属结构设备主要尺寸、数量、位置、高程、概算工程量等	宜包括选定的金属结构设备型式、型号、主要材质、容量、主要技术参数及布置方式，操作运行方式，设备防腐蚀措施，启闭力等
LOD400	金属结构的加工制造级表达数据，一般用于施工图设计阶段、施工和竣工阶段	非标准设备对象建模，具有精确的尺寸，建模精度可为20mm；标准设备及附属系统宜建模或采用生产厂家提供的三维模型，建模精度可为100mm；重要管路和安装附件可建模或采用生产厂家提供的三维模型，建模精度可为20mm	具有高精度几何特征的数据，宜包括与模型相匹配的零件级别的详细几何尺寸以及装配关系等	宜包括金属结构各设备组成零件的材料信息、装配信息、表面处理信息、焊接信息、防腐处理信息；采购信息、安装信息、调试与试运行信息等
LOD500	金属结构的完整交付表达数据，一般用于运维交付阶段	工程对象单元表达内容与工程实际竣工状态一致，建模精度参考LOD400	具有制造、安装完成与使用维护几何特征。宜包括与模型相匹配的系统定位、设备定位、零部件几何尺寸和装配等	宜包括设备组成中外购件、易耗品的主要技术参数、来源，设备管理维护信息、使用期监测和检测信息、资产管理与权属信息等

注：同表3.3.1-1的注。

表 3.3.1-4　电气专业建模精度和信息粒度等级定义

等级	等级总体描述	建模精度	信息粒度	
			几何信息粒度	非几何信息粒度
LOD100	电气抽象的概念表达，当用于系统图、接线图时，可用于各个阶段；当用于概念化数据时，一般用于项目建议书阶段	宜采用二维图形表示	无要求	项目基本信息，主要包括工程负荷等级、供配电及监控系统方案、系统电压等级、电源线路回路数与电力系统连接点、距离等
LOD200	电气初步表达数据，一般用于可行性研究阶段	电线、电缆等宜采用二维图形表示；设备宜用体量化建模表示主体空间占位	具有初步几何特征，主要包括与电气模型相匹配的大致空间布置等	工程用电负荷、负荷等级、供配电方式等，主要电气设备型式、数量、监控、保护和通信方案等
LOD300	电气精确表达数据，一般用于初步设计和施工图设计阶段	具有主体设备外形尺寸，宜体现主要设施设备外轮廓。工程对象单元基本组成部件形状建模，具有确定的安装尺寸，关键性的设计需求或施工要求及设备安装要求，电缆敷设占空、尺寸等。设备建模精度可为 100mm，管线与桥架建模精度可为 100mm	具有精确几何特征的数据，主要包括与模型相匹配的规格、绝对定位、相对位置、控制性尺寸及安装高程、概算工程量等	设施设备材料组成、材料参数、重量、壁厚等物理属性和功率、电压、频率、电流等电气属性；电气系统配置信息、规格、主要技术参数、监控、保护和通信设备配置

续表 3.3.1-4

等级	等级总体描述	建模精度	信息粒度	
			几何信息粒度	非几何信息粒度
LOD400	电气加工制造级表达数据，一般用于施工和竣工阶段	工程对象单元安装组成部件特征建模，具有准确的外轮廓和局部尺寸，可识别具体选用产品的形状特征。设备建模精度可为50mm，管线建模精度可为50mm	具有高精度几何特征，主要包括与模型相匹配的详细几何尺寸、数量及其完整链接关系等	主要包含设施设备的采购信息、供应信息、组装、安装过程监测信息、施工信息
LOD500	电气完整交付表达数据，一般用于运维交付阶段	工程对象单元表达内容与工程实际竣工状态一致，建模精度参考 LOD400	具有建造完成与使用维护几何特征的数据。主要包括系统定位、设备组成、零部件几何尺寸和装配信息	主要包含构件管理维护信息、使用期监测和检测信息、寿命和报警信息、资产管理与权属信息等

注：同表 3.3.1-1 的注。

3.3.2 按水利工程元素划分的各专业建模精度等级宜符合附录 B的规定。

3.3.3 信息粒度应包含几何信息粒度与非几何信息粒度。宜分别符合附录 C 和附录 D 的规定。

3.3.4 涉及建筑、市政、轨道交通、水运及其他行业等模型精细度，宜参照相应行业标准执行。在满足水利工程需求条件下，可适度简化。

3.3.5 在满足模型精细度的前提下，可使用二维图形、文档及多媒体补充和丰富水利工程信息。

4 基础数据

4.1 一般规定

4.1.1 信息模型的数据交互应按水利工程协同工作要求进行。

4.1.2 信息模型的数据在各阶段之间的传递应保证其完整性、一致性、有效性、可扩充性。

4.1.3 信息模型的数据宜符合工业基础类(IFC)。也可根据项目需求,采用几何模型与信息交换模板交付,在不同系统平台间通过编码信息指向信息交换模板或数据库。

4.1.4 信息模型所描述的对象和参数应在全生命周期内保持唯一性。交付物电子文件夹宜按“项目编号-项目-分区/系统-工程阶段-版本-状态代码-专业-位置-补充描述”的层级进行命名;交付物电子文件宜按“项目编号-项目简称-分区/系统-专业代码-类型-标高-描述”的方式命名和建立索引编码。

4.2 对象编码

4.2.1 信息模型的数据宜根据水利工程全生命周期的应用需求进行对象分类编码和唯一标识编码。

4.2.2 信息模型对象分类结构应包括水利工程中的建设成果、建设进程、建设资源、建设属性。

4.2.3 信息模型对象的分类、分类编码、类目和编码的扩展应符合现行国家标准《信息分类和编码的基本原则和方法》GB/T 7027、《建筑信息模型分类和编码标准》GB/T 51269 和现行上海市工程建设规范《建筑信息模型应用标准》DG/TJ 08－2201 的规定。

4.2.4 信息模型对象的分类编码宜采用全数字编码规则，并应为后期应用预留扩展空间。扩展分类和编码时，不应改变本标准中已规定的类目和编码。

4.2.5 信息模型对象的分类编码结构宜包括表代码、大类代码、中类代码、小类代码和细类代码。表代码应按照现行国家标准《建筑信息模型分类和编码标准》GB/T 51269 执行。在水利工程中，按功能分建筑物（表代码 10）、按功能分建筑空间（表代码 12）、按元素（表代码 14）对对象进行分类与编码，宜符合附录 E 的规定。

4.2.6 在分类编码的基础上，宜建立与大类代码、中类代码、小类代码和细类代码对应的顺序码，形成信息模型唯一标识编码，编码结构应包括表代码、分类码与顺序码，编码结构按图 4.2.6 执行。大类和中类顺序码范围应为“01～99”，当其中一级无分类时，顺序码应为“00”；小类和细类顺序码范围应为“0001～9999”，当其中一级无分类时，顺序码应为“0000”。同类对象宜连续编号。

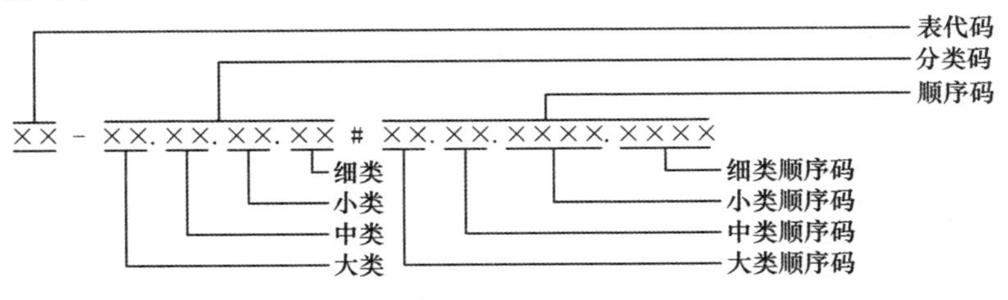

图 4.2.6 编码结构

4.2.7 对象分类和唯一标识编码表达唯一性指向时，可对不同表代码的分类编码组合使用，编码结构间可采用“＋”表示概念集合。

4.2.8 对象分类和唯一标识编码可与其他编码系统结合使用。

4.3 数据交互和交付

4.3.1 数据交互和交付前，应在数据内容和格式符合互用标准或互用协议的基础上，对数据进行清理和版本确认。

4.3.2 数据交互和交付宜采用工业基础类或其他约定的格式，数据交付可采用三维不可编辑格式或其他约定的格式。

4.3.3 数据交付宜标识数据的级别、来源、用途、格式，交付时应保证数据的完整性与准确性。

4.3.4 数据交付成果应满足工程项目的使用要求，包含交付应用的子模型及说明；必要时，也可辅以电子表格。

4.3.5 信息模型数据应根据使用和管理的需求，在满足数据安全的前提下，进行存储备份。

4.3.6 数据交互和交付可基于在线服务器模式或云平台模式。

5 协同工作

5.1 一般规定

5.1.1 信息模型实施应采用协同工作模式。

5.1.2 水利工程协同工作应基于信息模型数据管理。

5.2 协同方法

5.2.1 信息模型协同工作流程应在阶段、应用和任务三个层级各自内部建立包含参与方、数据环境、数据传递、数据交付的组织模式，应在三者之间建立衔接关系。

5.2.2 信息模型协同工作流程的设定应包括角色、权限、行为、关系、节点等要素。

5.2.3 信息模型实施应制定协同工作规则，应包括项目策划、环境配置、协同要素维护。

5.3 协同平台

5.3.1 信息模型全生命周期实施应在协同平台上进行，协同平台应根据参建方自身需求与能力独立搭建，或构建业主、勘察、设计、施工和运维单位等统一的协同管理平台或者带相关数据接口的平台。

5.3.2 信息模型应根据项目阶段、参与方、用途等不同属性在协同平台上建立工作空间，将文件及信息统一组织和管理。

5.3.3 协同平台上的文件应按规则统一命名。

5.3.4 应设置协同平台的负责人，承担协同平台的管理与维护工作。

5.3.5 协同平台应能实现信息模型实施的权限分级，各参与方应在权限范围内工作。

5.3.6 协同平台宜具有文件及数据存储、版本记录、共享和参考、依存关系、校验审核等功能。

5.3.7 协同平台宜能整合不同软件的应用成果，可执行协同检查任务。

5.3.8 协同平台应采取数据安全措施和制定安全协议，确保文件储存和传输安全。

6 信息模型应用

6.0.1 信息模型应用实施宜贯穿工程全生命周期，各阶段的信息模型宜具有继承性，具体应用点应满足表6.0.1要求。

表6.0.1 信息模型应用总览

序号	应用点	工程阶段					
		项目建议书	可行性研究	初步设计	施工图设计	施工和竣工	运维
1	场地现状仿真	宜					
2	实景建模	可	可	可	可	可	可
3	工程选址及选线	宜					
4	地形和地质分析		宜				
5	总体布置		应				
6	主要建筑物及设备型式方案比选		宜				
7	建筑物尺寸确定及设备比选			应			
8	概算工程量统计			宜			
9	施工进度虚拟仿真			宜			
10	数字仿真分析		可	可			
11	模型会审（碰撞检查等）				应		
12	主要设备运输和吊装检查				宜		
13	制图发布				应		
14	效果渲染与动画制作				宜		
15	三维技术交底				可		

续表 6.0.1

序号	应用点	工程阶段					
		项目建议书	可行性研究	初步设计	施工图设计	施工和竣工	运维
16	三维配筋				可	可	
17	施工放样					可	
18	施工场区布置					应	
19	施工进度控制					宜	
20	施工质量控制与安全控制					宜	
21	造价管理工程量计算					宜	
22	竣工模型构建					宜	
23	复杂施工工艺模拟					可	
24	设备集成与监控						宜
25	安全监测						宜
26	应急事件管理						宜
27	资产管理						宜
28	设备虚拟检修						可

6.0.2 同一应用点可用于工程不同阶段，根据不同阶段特点与需求有所侧重和深化，包含模型精细度、专业技术要求、应用深度等。

7 项目建议书阶段

7.1 场地现状仿真

7.1.1 场地现状仿真宜用于站点工程，可用于带状工程。输入数据应包括下列内容：

1 初拟场址地形与空间布置模型。

2 周边环境和蓝线等规划资料。

7.1.2 场地现状仿真的工作流程宜符合下列要求：

1 数据收集。收集的数据包括地形、水系等相关工程及场地周边环境电子成果资料。

2 场地建模。根据收集的数据进行水利工程场地、工程总体布置和周边环境建模。

3 模型整合与校验。整合各模型，对河道蓝线、用地红线与水利工程建筑物的距离等重要信息进行标注，并校验模型的完整性、合理性。

4 输出场地现状仿真成果。

7.1.3 场地现状仿真的交付成果应包括场地现状仿真模型及说明。

7.2 工程选址及选线

7.2.1 工程选址及选线宜用于站点工程，可用于带状工程。输入数据应包括下列内容：

1 初拟的不同场址及线路方案。

2 多个工程选址及选线的模型。

7.2.2 工程选址及选线的工作流程宜符合下列要求：

1 数据收集。收集拟定的不同场址及线路方案。

2 模型创建。根据拟定的多个场址及线路比选方案，创建比选信息模型。

3 模型整合和校验。校验模型的完整性与合理性。

4 利用各模型方案进行综合比选，基本选定场址及线路。

5 生成工程选址及选线成果。

7.2.3 工程选址及选线的交付成果应包括各场址和线路方案模型，以及基本选定的方案模型说明。

8 可行性研究阶段

8.1 地形和地质分析

8.1.1 地形和地质分析的输入数据应包括下列内容：

1 地形测量和地质勘察基础资料。

2 场地现状仿真模型与地形和地质模型。

8.1.2 地形和地质分析的工作流程宜符合下列要求：

1 数据收集。收集的数据包括项目建议书阶段已有场地现状仿真模型成果，地形测量、航空摄影及周边环境等资料及可行性研究阶段新增的测量和勘察资料等电子成果。

2 场地及地质建模。根据收集的数据，运用软件生成地形和地质模型。

3 模型整合与校验。判断地形模型是否满足本阶段信息模型应用的要求，判断地质模型是否准确完整。

4 模型分析。借助软件模拟分析场地数据，如坐标、距离、面积、坡度、高程、断面、填挖方、等高线等；分析地质情况，如地层分布、岩层产状、不良地质条件、岩土物理力学性质等。

5 生成地形和地质分析成果。

8.1.3 地形和地质分析的交付成果应包括三维地形和三维地质模型及说明。

8.2 总体布置

8.2.1 总体布置的输入数据应包括下列内容：

1 拟选的总体布置初步方案。

2 工程地形和地质模型与总体布置的比选模型。

8.2.2 总体布置的工作流程宜符合下列要求：

1 数据收集。结合场地现状资料，收集水文、工程测量、工程勘察、物探等资料，及拟定的不同总体布置方案。

2 模型创建。基于收集的数据创建不同方案的总体布置模型。

3 模型校验。校验模型的完整性和合理性。

4 方案比选。基于三维模型，从功能分区、主要建筑物布置、交通组织等方面进行综合比选，基本选定总体布置方案。

5 生成总体布置模型成果。

8.2.3 总体布置的交付成果应包括总体布置模型和说明。

8.3 主要建筑物及设备型式方案比选

8.3.1 主要建筑物及设备型式方案比选的输入数据应包括下列内容：

1 初拟的主要建筑物布置及设备型式比选方案。

2 主要建筑物布置及设备型式比选模型。

8.3.2 主要建筑物及设备型式方案比选的工作流程宜符合下列要求：

1 数据收集。收集电子地图、GIS 数据、地质、水文、现状资料，初拟的主要建筑物布置、初选的机电和金属结构设备等数据。

2 模型创建。基于收集的数据创建不同方案的主要建筑物及设备专业三维模型，可同步创建参数化模板库。

3 模型校验。校验各方案模型的完整性和合理性。

4 方案比选。基于三维模型，从地基与基础、水工结构布置、厂区及建筑造型、泵闸型式及组合等方面进行综合比选，基本确定主要建筑物和设备型式。

5 生成主要建筑物及设备型式的成果。

8.3.3 主要建筑物及设备型式方案比选的交付成果应包括主要建筑物及设备专业三维模型及说明。

9 初步设计阶段

9.1 建筑物尺寸确定及设备比选

9.1.1 建筑物尺寸确定及设备比选的输入数据应包括下列内容：

1 可行性研究阶段的主要建筑物及设备型式模型。

2 主要建筑物布置及设备比选初步方案。

9.1.2 建筑物尺寸确定及设备比选的工作流程宜符合下列要求：

1 数据收集。基于主要建筑物及设备型式模型，收集设备型式、数量和布置要求、结构计算分析数据与成果、结构优化方案等数据。

2 模型创建。基于收集的数据创建符合建筑物主体结构尺寸与设备深度要求的多专业综合模型，并将关键参数附加至模型。模型宜反映几何参数化分析、物理参数调整优化或控制性参数输入等过程数据。

3 模型校验。通过碰撞检查、会审等方式确定模型的完整性和准确性。

4 生成建筑物尺寸确定及设备选定的成果。

9.1.3 建筑物尺寸确定及设备选定的交付成果应包括主要建筑物及设备多专业综合三维模型及说明。

9.2 概算工程量统计

9.2.1 概算工程量统计的输入数据应包括下列内容：

1 初步设计模型。

2 概算工程量统计模板和要求。

9.2.2 概算工程量统计的工作流程宜符合下列要求：

1 数据收集。包括初步设计信息模型、结构构件属性信息、概算工程量计量规则及其他信息等。

2 模型创建。对初步设计模型进行必要的拆分组合，添加相关分类、计量等属性信息生成概算模型。

3 模型校验。对模型和信息的完整性、准确性进行校验。

4 概算工程量提取。基于概算模型，按水利工程类型和特点分专业、分部位直接提取工程量，生成概算工程量。

9.2.3 概算工程量统计的交付成果应包括概算模型、概算工程量及计算说明。

9.3 施工进度虚拟仿真

9.3.1 施工进度虚拟仿真的输入数据应包括下列内容：

1 施工总体实施方案和进度安排表。

2 施工进度虚拟仿真模型。

9.3.2 施工进度虚拟仿真的工作流程宜符合下列要求：

1 数据收集。包括初步设计模型、施工总体实施方案及步骤、施工进度安排、主要施工机械设备、施工风险预防措施等。

2 模型创建。根据施工进度计划的相关内容，对模型进行合理拆分，按时间节点分组添加施工进度等信息，创建施工进度虚拟仿真模型。

3 模型校验。校验模型的完整性与合理性。

4 进度模拟。基于施工进度虚拟仿真模型，从施工工艺、人机配置、物料堆放、交通组织等方面，论证并优化施工进度。对关键节点可能遇到的风险进行分析。

5 生成施工进度虚拟仿真成果。

9.3.3 施工进度虚拟仿真的交付成果应包括施工进度虚拟仿真模型、动画视频及说明文件。

10 施工图设计阶段

10.1 模型会审

10.1.1 基于施工图设计阶段模型，模型会审应包括完整性检查、合理性检查、管线综合与碰撞检查、集中会审、模型固化。

10.1.2 模型完整性检查宜通过对模型浏览、观察、剖切、视角切换、漫游，判断信息模型中包含的构件是否完整，所包含的内容及深度是否符合交付要求。

10.1.3 模型合理性检查宜与项目设计要求、设计规范、建模规则对接，应采用三维数字化模型检验设计方案。

10.1.4 模型管线综合与碰撞检查应按设施设备及管线安装、安全保护和运行维护、各专业交付模型、管线设施设备图纸等综合要求进行。

10.1.5 管线综合与碰撞检查的工作流程宜符合下列要求：

1 数据收集。收集各专业子模型与拆分模型，管线与设备的位置和净空要求。

2 模型创建。根据土建模型、设备模型、其他管线与设施模型及碰撞检查需求创建管线综合与碰撞检查模型。

3 碰撞检查。利用碰撞检查工具进行模型间的冲突和碰撞检查，并进行三维管线综合，生成碰撞检查报告。

4 模型调整。根据碰撞检查结果调整信息模型。

10.1.6 管线综合与碰撞检查的交付成果应包括管线综合与碰撞检查模型、碰撞检查报告、调整后的信息模型。碰撞检查报告应包含项目概况、检查结果、原因分析、调整建议等要素。

10.1.7 成果交付前，应对项目总装模型进行集中会审，包括专业三维会审和项目三维会审。

10.1.8 模型固化应使模型内容、共享环境、版本、权限等方面不可更改。

10.2 主要设备运输和吊装检查

10.2.1 主要设备运输和吊装检查的输入数据应包括下列内容：

1 总体布置图纸与主要设备运输和吊装检查初拟方案。

2 主要设备运输和吊装检查模型。

10.2.2 主要设备运输和吊装检查的工作流程宜符合下列要求：

1 数据收集。收集总装模型与场地、交通组织、运输和吊装方案等资料。

2 模型创建。根据总装模型和主要设备安装运输等要求，创建包含机械和设备控制性参数的运输和吊装检查模型。

3 过程模拟和分析。按照运输和吊装方案进行过程动态模拟和虚拟仿真，进行方案的合理性检查分析。

10.2.3 主要设备运输吊装的交付成果应包括主要运输和吊装检查模型及合理性说明。

10.3 制图发布

10.3.1 图纸应采用制图发布工具在模型基础上生成。

10.3.2 制图发布应基于相应版本的模型，图纸内容应和模型内容相一致，图纸宜基于模型批量生成。宜建立模型和图纸的关联关系，通过筛选、对比、剖视、统计、编码等方法实现图模一致，并能够统一交付与归档。

10.3.3 制图发布规则宜采用通用模板设定。

10.3.4 制图发布时对于复杂对象宜在图纸中添加与二维图纸对象相应的局部三维模型视口。

10.3.5 制图发布与交付后，发生的修改应及时在模型中调整，调整后的升版模型作为后续应用数据载体。

10.3.6 制图发布的工作流程宜符合下列要求：

1 数据收集。收集经过模型会审后的施工图设计模型、专业制图要求等数据。

2 生成图纸。利用软件制图模板生成图纸。

3 添加注释。在图纸中添加标注、说明及相关表格，对于复杂结构及节点可采用三维透视图或轴测图表达。

4 图模一致。应保证最终的模型表达与图纸表达信息一致性，并完成归档。

10.3.7 制图发布的交付成果应包括模型、图纸及说明性文件。

10.4 效果渲染与动画制作

10.4.1 效果渲染与动画制作的输入数据应包括下列内容：

1 渲染与动画素材。

2 施工图设计模型。

10.4.2 效果渲染与动画制作的工作流程宜符合下列要求：

1 数据收集。收集模型、材质、环境、漫游路径和进度计划、景观、照明、工艺要求等数据。

2 模型创建。添加绿化、人物、交通设施等，形成效果渲染与动画制作模型。

3 效果渲染与动画制作。设置光照、相机、角色、漫游路径等参数，进行渲染与动画制作。

10.4.3 效果渲染和动画制作的交付成果应包括渲染效果图与动画及说明文件。

11 施工和竣工阶段

11.1 施工场区布置

11.1.1 施工场区布置的输入数据应包括下列内容：

1 场地布置及施工导流截流等危险性较大部分的初步方案。

2 施工场区布置比选模型。

11.1.2 施工场区布置的工作流程宜符合下列要求：

1 数据收集。收集水文、地形地质，以及场地布置初步方案、大型机械设备布置要求、施工导流截流方案、重要节点计划等资料。

2 模型创建。结合施工模型创建施工场地布置模型，模型中应包含周边环境、施工区域、场区交通、主要建（构）筑物、加工与料场分区、场区重要管线、围堰及施工围挡等临时工程、场地复杂节点、重点区域开挖回填堆土、安全文明施工标识等。

3 场区布置方案的确定。利用场地布置模型，对多种场区布置进行方案比选，并根据需要可对模型进行相应调整，确定合理的场区布置方案。

11.1.3 施工场区布置的交付成果应包括施工场区布置模型及说明文件。

11.2 施工进度控制

11.2.1 施工进度控制的输入数据应包括下列内容：

1 进度计划和实际进度数据。

2 施工模型。

11.2.2 施工进度控制的工作流程宜符合下列要求：

1 数据收集。收集的数据包括施工模型、施工组织设计、施工图纸、现场大宗物料和资源消耗比等。

2 模型创建。根据施工工艺和方案及施工进度计划要求，进行项目工作分解（WBS），添加计划进度信息，在施工模型基础上创建施工进度控制模型，并进行施工模拟。

3 进度比对及控制。在深化的施工模型中实时添加和更新实际进度信息，并与计划进度对比，对进度偏差进行分析，调整进度计划，实现进度控制。

11.2.3 施工进度控制的交付成果应包括施工进度控制模型及说明文件。

11.3 施工质量控制与安全控制

11.3.1 施工质量控制与安全控制的输入数据应包括下列内容：

1 施工质量与安全控制初步方案。

2 危险性较大部分的施工模型。

11.3.2 施工质量控制和安全控制的工作流程宜符合下列要求：

1 数据收集。收集的数据包括施工模型、质量管理方案和计划、安全管理方案和计划、监测与监控数据、质量验评、危险源预警数据、隐蔽工程控制性参数等。

2 利用模型的可视化功能向施工人员展示和传递设计意图。通过施工过程模拟，帮助施工人员理解熟悉施工工艺和流程，识别危险源，避免理解偏差造成施工质量和安全问题。

3 实时监控现场施工质量和安全管理状况，对出现的质量和安全问题，通过图像、视频、音频资料等方式关联至相关构件和设备模型上，记录问题出现部位并分析原因，从而制定相应解决方案。同时对出现问题相关资料分析，对后续可能出现的问题进行预判和预控。

11.3.3 施工质量控制与安全控制的交付成果应包括质量与安全问题记录及解决方案和措施等。

11.4 造价管理工程量计算

11.4.1 造价管理工程量计算的输入数据应包括下列内容：

1 合同清单与结算资料。

2 施工模型。

11.4.2 造价管理工程量计算的工作流程宜符合下列要求：

1 数据收集。包括施工模型、合同清单、清单计量规则、进度资料、结算资料及其他信息等。

2 模型创建。基于施工模型，对模型进行必要的拆分组合，添加相关分类、计量、进度等属性信息生成造价管理模型或工程算量模型。同时，按照设计变更、现场签证、往来函件、进度成本信息等信息，对造价管理模型定期调整。

3 模型校验。对模型和信息的完整性、合理性进行校验。

4 造价管理工程量提取。基于造价管理模型，按清单分类规则为依据，生成合同工程量、进度工程量、重要节点工程量、结算工程量等。

11.4.3 造价管理工程量计算的交付成果应包括造价管理模型、工程量报表及计算说明。

11.5 竣工模型构建

11.5.1 竣工模型构建的输入数据应包括下列内容：

1 施工图设计模型。

2 设计变更与验收资料。

11.5.2 竣工模型构建的工作流程宜符合下列要求：

1 数据收集。收集的数据应包含施工模型、设计变更、设备属性、主要施工过程监测、试运行等。

2 模型创建。在施工图设计模型基础上，根据设计变更等资料修改完善模型，并添加竣工验收等信息，形成竣工模型。

3 进行竣工信息模型交付。

11.5.3 交付成果应包括竣工模型和相应说明文件。

12 运维阶段

12.1 设备集成与监控

12.1.1 设备集成与监控的输入数据应包括下列内容：

1 设备参数与监控信息。

2 运维模型。

12.1.2 设备集成与监控的工作流程宜符合下列要求：

1 数据收集。收集运维模型和运维设备信息、运维要求等。

2 信息集成。按运维平台需求的数据格式，将运维模型和监控信息集成至运维平台。

3 设备监控。在日常使用中，借助二维码、RFID 无线射频识别等物联网技术，实现设备、构件等实物和信息模型关联，将设备运行等动态数据集成至运维平台，可对动态数据进行信息实时查询，并建立档案管理模式。

4 异常状态提示。运维平台对数据自动分析，标识异常设备，及时反馈。

12.1.3 设备集成与监控的交付成果应包括与运维模型关联的设备监控和异常提示信息。

12.2 安全监测

12.2.1 安全监测的输入数据应包括下列内容：

1 监测设备参数与监测信息。

2 安全监测模型。

12.2.2 安全监测的工作流程宜符合下列要求：

1 数据收集。收集安全监测系统获取的各专业数据，运维模型和安全控制要求。

2 模型创建。基于各专业安全监测资料创建安全监测模型。

3 信息集成。按运维平台需求的数据格式，将运维模型和安全监测信息集成至运维平台，通过可视化手段展示基于模型监测位置的监测数据。

4 数据分析。将安全监测信息按控制要求进行数据分析，辨识安全状态。

12.2.3 安全监测的交付成果应包括安全监测模型及安全监测状态分析记录。

12.3 应急事件管理

12.3.1 应急事件管理的输入数据应包括下列内容：

1 设施设备、物资和人员等风险要素信息。

2 运维模型。

12.3.2 应急事件管理的工作流程宜符合下列要求：

1 数据收集。收集运维模型及设施设备信息，应急预案，监控监测的数据等。

2 模拟演练。根据应急预案，基于运维模型进行应急事件模拟和演练。

3 应急事件处置。发生应急事件时，系统自动定位、报警，并将应急预案及时发布。

12.3.3 应急事件管理的交付成果应包括模拟演练的动画和视频等。

12.4 资产管理

12.4.1 资产管理的输入数据应包括下列内容：

1 资产维护信息。

2 运维模型。

12.4.2 资产管理的工作流程宜符合下列要求：

1 数据收集。收集运维阶段各类资产基本信息和更新改造信息、运维模型等。

2 信息集成。将资产管理信息和运维模型在运维平台进行集成。

3 动态更新。将资产更新、替换、维护等动态数据加载至运维平台，建立工程资产动态数据库。

4 资产管理。利用建立的工程资产动态数据库，进行资产分析、评估和改造。

12.4.3 资产管理的交付成果应包括工程资产动态数据库和资产分析成果。

附录A　水利工程建模范围及要求

表 A.0.1　水工结构专业各阶段建模范围及要求

序号	模型		阶段					
			项目建议书	可行性研究	初步设计	施工图设计	施工和竣工	运维
1	水闸	基础开挖模型	—	宜	应	应	应	—
		防渗处理模型	—	宜	应	应	应	应
		地基处理模型	—	宜	应	应	应	应
		厂房与管理区模型	—	宜	应	应	应	应
		上游连接段结构模型	可	宜	应	应	应	应
		闸室结构模型	可	宜	应	应	应	应
		下游连接段结构模型	可	宜	应	应	应	应
		防汛通道模型	—	宜	应	应	应	应
		附属结构模型	—	宜	应	应	应	应
2	泵站	基础开挖模型	—	宜	应	应	应	—
		防渗处理模型	—	宜	应	应	应	应
		地基处理模型	—	宜	应	应	应	应
		厂房与管理区模型	—	宜	应	应	应	应
		上游连接段结构模型	可	宜	应	应	应	应
		进水(前)池结构模型	可	宜	应	应	应	应
		站身结构模型	可	宜	应	应	应	应
		下游连接段结构模型	可	宜	应	应	应	应
		出水池结构模型	可	宜	应	应	应	应
		防汛通道模型	—	宜	应	应	应	应
		附属结构模型	—	宜	应	应	应	应

续表 A.0.1

<table>
<tr><th rowspan="2">序号</th><th rowspan="2" colspan="2">模型</th><th colspan="6">阶段</th></tr>
<tr><th>项目建议书</th><th>可行性研究</th><th>初步设计</th><th>施工图设计</th><th>施工和竣工</th><th>运维</th></tr>
<tr><td rowspan="8">3</td><td rowspan="8">堤防/河道/圈围</td><td>开挖/疏浚模型</td><td>—</td><td>宜</td><td>应</td><td>应</td><td>应</td><td>—</td></tr>
<tr><td>防渗处理模型</td><td>—</td><td>可</td><td>宜</td><td>应</td><td>应</td><td>应</td></tr>
<tr><td>地基处理模型</td><td>—</td><td>宜</td><td>应</td><td>应</td><td>应</td><td>应</td></tr>
<tr><td>堤身结构模型</td><td>可</td><td>宜</td><td>应</td><td>应</td><td>应</td><td>应</td></tr>
<tr><td>防汛通道模型</td><td>—</td><td>宜</td><td>应</td><td>应</td><td>应</td><td>应</td></tr>
<tr><td>附属结构模型</td><td>—</td><td>宜</td><td>应</td><td>应</td><td>应</td><td>应</td></tr>
<tr><td>纳潮口/龙口模型</td><td>—</td><td>宜</td><td>应</td><td>应</td><td>应</td><td>—</td></tr>
<tr><td>围内吹填模型</td><td>—</td><td>宜</td><td>应</td><td>应</td><td>应</td><td>应</td></tr>
<tr><td rowspan="4">4</td><td rowspan="4">水文设施</td><td>水文站管理房建筑模型</td><td>—</td><td>宜</td><td>应</td><td>应</td><td>应</td><td>应</td></tr>
<tr><td>水文站管理房结构模型</td><td>—</td><td>宜</td><td>应</td><td>应</td><td>应</td><td>应</td></tr>
<tr><td>水文测亭模型</td><td>可</td><td>宜</td><td>应</td><td>应</td><td>应</td><td>应</td></tr>
<tr><td>监测设备模型</td><td>—</td><td>可</td><td>宜</td><td>应</td><td>应</td><td>应</td></tr>
<tr><td rowspan="9">5</td><td rowspan="9">场地</td><td>现状地形模型</td><td>—</td><td>宜</td><td>应</td><td>应</td><td>应</td><td>应</td></tr>
<tr><td>设计总体场坪模型</td><td>可</td><td>宜</td><td>应</td><td>应</td><td>应</td><td>应</td></tr>
<tr><td>道路模型</td><td>—</td><td>宜</td><td>应</td><td>应</td><td>应</td><td>应</td></tr>
<tr><td>路缘、排水等附件模型</td><td>—</td><td>宜</td><td>应</td><td>应</td><td>应</td><td>应</td></tr>
<tr><td>桥梁模型</td><td>—</td><td>宜</td><td>应</td><td>应</td><td>应</td><td>应</td></tr>
<tr><td>绿化模型</td><td>—</td><td>可</td><td>应</td><td>应</td><td>应</td><td>应</td></tr>
<tr><td>附属设施模型(栏杆、建筑小品等)</td><td>—</td><td>可</td><td>宜</td><td>应</td><td>应</td><td>应</td></tr>
<tr><td>工程范围围护模型</td><td>—</td><td>可</td><td>宜</td><td>应</td><td>应</td><td>应</td></tr>
<tr><td>场地附属设施模型</td><td>—</td><td>可</td><td>宜</td><td>应</td><td>应</td><td>应</td></tr>
</table>

表 A.0.2　水力机械专业各阶段建模范围及要求

序号	模型		阶段					
			项目建议书	可行性研究	初步设计	施工图设计	施工和竣工	运维
1	水泵装置	主水泵	可	宜	应	应	应	应
		电动机	可	宜	应	应	应	应
		齿轮箱	可	宜	应	应	应	应
		进出水流道	可	宜	应	应	应	应
		进出水管道	可	宜	应	应	应	应
2	辅助系统	真空及充水系统	—	可	宜	应	应	应
		供油系统	—	可	宜	应	应	应
		供水系统	—	可	宜	应	应	应
		排水系统	—	可	宜	应	应	应
		压缩空气系统	—	可	宜	应	应	应
		采暖通风及空气调节系统	—	可	宜	应	应	应
		水力监测系统	—	可	宜	应	应	应
		起重设备	可	宜	应	应	应	应
		机修设备	—	可	可	宜	应	应

表 A.0.3　金属结构专业各阶段建模范围及要求

序号	模型		阶段					
			项目建议书	可行性研究	初步设计	施工图设计	施工和竣工	运维
1	闸门系统	闸门(标准)	—	可	应	应	应	应
		闸门(非标准)	—	可	应	应	应	应
2	启闭系统	启闭设备(标准)	—	可	可	宜	应	应
		启闭设备(非标准)	—	可	宜	应	应	应
		启闭设备构成装置	—	—	—	可	应	应
3	清污系统	清污机	—	可	可	宜	应	应
		清污机附属系统	—	—	—	可	应	应
		拦污栅	—	可	宜	应	应	应

表 A.0.4 电气专业各阶段建模范围及要求

<table>
<tr><th rowspan="2">序号</th><th rowspan="2" colspan="2">模型</th><th colspan="6">阶段</th></tr>
<tr><th>项目建议书</th><th>可行性研究</th><th>初步设计</th><th>施工图设计</th><th>施工和竣工</th><th>运维</th></tr>
<tr><td rowspan="14">1</td><td rowspan="14">35kV及以下供配电系统</td><td>35kV 配电系统</td><td>—</td><td>可</td><td>宜</td><td>应</td><td>应</td><td>应</td></tr>
<tr><td>35kV 主变压器</td><td>—</td><td>可</td><td>应</td><td>应</td><td>应</td><td>应</td></tr>
<tr><td>20kV 配电系统</td><td>—</td><td>可</td><td>宜</td><td>应</td><td>应</td><td>应</td></tr>
<tr><td>20kV 主变压器</td><td>—</td><td>可</td><td>应</td><td>应</td><td>应</td><td>应</td></tr>
<tr><td>10kV 配电系统</td><td>—</td><td>可</td><td>宜</td><td>应</td><td>应</td><td>应</td></tr>
<tr><td>10kV 主变压器</td><td>—</td><td>可</td><td>应</td><td>应</td><td>应</td><td>应</td></tr>
<tr><td>6kV 配电系统</td><td>—</td><td>可</td><td>宜</td><td>应</td><td>应</td><td>应</td></tr>
<tr><td>6kV 主变压器</td><td>—</td><td>可</td><td>应</td><td>应</td><td>应</td><td>应</td></tr>
<tr><td>3kV 配电系统</td><td>—</td><td>可</td><td>宜</td><td>应</td><td>应</td><td>应</td></tr>
<tr><td>3kV 主变压器</td><td>—</td><td>可</td><td>应</td><td>应</td><td>应</td><td>应</td></tr>
<tr><td>1kV 以下配电系统</td><td>—</td><td>可</td><td>宜</td><td>应</td><td>应</td><td>应</td></tr>
<tr><td>柴油发电机组及附属设备</td><td>—</td><td>—</td><td>应</td><td>应</td><td>应</td><td>应</td></tr>
<tr><td>照明系统</td><td>—</td><td>—</td><td>—</td><td>应</td><td>应</td><td>应</td></tr>
<tr><td>防雷接地系统</td><td>—</td><td>—</td><td>—</td><td>可</td><td>应</td><td>应</td></tr>
<tr><td rowspan="10">2</td><td rowspan="10">智能化监控系统</td><td>直流电源系统</td><td>—</td><td>—</td><td>—</td><td>可</td><td>应</td><td>应</td></tr>
<tr><td>不间断电源系统</td><td>—</td><td>—</td><td>—</td><td>可</td><td>应</td><td>应</td></tr>
<tr><td>继电保护系统</td><td>—</td><td>—</td><td>—</td><td>可</td><td>宜</td><td>应</td></tr>
<tr><td>监控系统</td><td>—</td><td>—</td><td>—</td><td>可</td><td>应</td><td>应</td></tr>
<tr><td>现地控制单元</td><td>—</td><td>—</td><td>—</td><td>应</td><td>应</td><td>应</td></tr>
<tr><td>时钟同步系统</td><td>—</td><td>—</td><td>—</td><td>可</td><td>宜</td><td>应</td></tr>
<tr><td>通信系统</td><td>—</td><td>—</td><td>—</td><td>宜</td><td>应</td><td>应</td></tr>
<tr><td>工业电视设备</td><td>—</td><td>—</td><td>—</td><td>应</td><td>应</td><td>应</td></tr>
<tr><td>门禁、出入口控制</td><td>—</td><td>—</td><td>—</td><td>宜</td><td>宜</td><td>应</td></tr>
<tr><td>消防系统</td><td>—</td><td>—</td><td>—</td><td>应</td><td>应</td><td>应</td></tr>
</table>

附录B 水利工程信息模型元素建模精度等级表

表 B.0.1 水工结构专业模型的元素建模精度等级(LOD)

元素分类编码与名称		元素建模精度等级(LOD)					
元素分类编码	元素分类名称	项目建议书阶段	可行性研究阶段	初步设计阶段	施工图设计阶段	施工和竣工阶段	运维阶段
14-91.00.00.00	水工结构						
14-91.03.00.00	地基基础						
14-91.03.03.00	土石方	100	200	300	300	400	400
14-91.03.03.03	土石方开挖	100	200	300	300	400	400
14-91.03.03.06	土石方回填	100	200	300	300	400	400
14-91.03.03.09	水泥土回填	—	200	300	300	400	400
14-91.03.03.12	素混凝土回填	—	200	300	300	400	400
14-91.03.03.15	碎石间隔土回填	—	200	300	300	400	400
14-91.03.06.00	地基处理	100	200	300	300	400	400
14-91.03.06.03	换填	—	200	300	300	400	400
14-91.03.06.06	预压(塑料排水板)	—	200	300	300	400	400
14-91.03.06.09	压实和夯实	—	200	300	300	400	400
14-91.03.06.12	复合地基	—	200	300	300	400	400
14-91.03.06.15	注浆加固	—	200	300	300	400	400
14-91.03.06.18	微型桩加固(树根桩)	—	200	300	300	400	400
14-91.03.06.21	锚杆静压桩	—	200	300	300	400	400
14-91.03.06.24	沉降控制复合桩基	—	200	300	300	400	400

续表 B.0.1

元素分类编码与名称		元素建模精度等级(LOD)					
元素分类编码	元素分类名称	项目建议书阶段	可行性研究阶段	初步设计阶段	施工图设计阶段	施工和竣工阶段	运维阶段
14-91.03.09.00	桩	100	200	300	300	400	400
14-91.03.09.03	预制混凝土桩(预应力、非预应力)	—	200	300	300	400	400
14-91.03.09.06	钢桩(钢管桩、H型钢)	—	200	300	300	400	400
14-91.03.09.09	灌注桩	—	200	300	300	400	400
14-91.03.09.12	沉井	—	200	300	300	400	400
14-91.03.12.00	边坡支护	100	200	300	300	400	400
14-91.03.12.03	土工格栅	—	200	300	300	400	400
14-91.03.12.06	喷锚	—	200	300	300	400	400
14-91.03.12.09	锚杆	—	200	300	300	400	400
14-91.03.12.12	锚索	—	200	300	300	400	400
14-91.03.12.15	混凝土护面	—	200	300	300	400	400
14-91.03.12.18	砌体	—	200	300	300	400	400
14-91.03.12.21	砂浆	—	200	300	300	400	400
14-91.03.15.00	基坑围护	100	200	300	300	400	400
14-91.03.15.03	复合土钉	—	200	300	300	400	400
14-91.03.15.06	水泥土重力式围护墙	—	200	300	300	400	400
14-91.03.15.09	板式支护(板桩、地下连续墙、灌注桩排桩、型钢水泥土搅拌墙)	—	200	300	300	400	400

续表 B.0.1

元素分类编码与名称		元素建模精度等级(LOD)					
元素分类编码	元素分类名称	项目建议书阶段	可行性研究阶段	初步设计阶段	施工图设计阶段	施工和竣工阶段	运维阶段
14-91.03.15.12	支撑(钢筋混凝土支撑、钢支撑)	—	200	300	300	400	400
14-91.03.15.15	土层锚杆	—	200	300	300	400	400
14-91.03.15.18	冠梁	—	200	300	300	400	400
14-91.03.15.21	围檩	—	200	300	300	400	400
14-91.03.15.24	防渗帷幕	—	200	300	300	400	400
14-91.03.15.27	格构柱	—	200	300	300	400	400
14-91.03.15.30	立柱桩	—	200	300	300	400	400
14-91.03.15.33	栈桥	—	200	300	300	400	400
14-91.03.15.36	柔性防护网	—	200	300	300	400	400
14-91.03.15.39	回填混凝土	—	200	300	300	400	400
14-91.03.18.00	基础垫层	100	200	300	300	400	400
14-91.03.18.03	混凝土垫层	100	200	300	300	400	400
14-91.03.18.06	卵石垫层	100	200	300	300	400	400
14-91.03.18.09	碎石垫层	100	200	300	300	400	400
14-91.03.18.12	中粗砂	100	200	300	300	400	400
14-91.03.18.15	石渣垫层	100	200	300	300	400	400
14-91.03.18.18	石灰土	100	200	300	300	400	400
14-91.06.00.00	泵闸混凝土结构						
14-91.06.03.00	底板	100	200	300	300	400	400
14-91.06.06.00	墩墙	100	200	300	300	400	400
14-91.06.06.03	边墩	100	200	300	300	400	400
14-91.06.06.06	中墩	100	200	300	300	400	400

续表 B.0.1

元素分类编码与名称		元素建模精度等级(LOD)					
元素分类编码	元素分类名称	项目建议书阶段	可行性研究阶段	初步设计阶段	施工图设计阶段	施工和竣工阶段	运维阶段
14-91.06.06.09	支墩	100	200	300	300	400	400
14-91.06.06.12	隔墩	100	200	300	300	400	400
14-91.06.09.00	胸墙	100	200	300	300	400	400
14-91.06.12.00	梁	100	200	300	300	400	400
14-91.06.15.00	板	100	200	300	300	400	400
14-91.06.18.00	柱	100	200	300	300	400	400
14-91.06.21.00	墙身	100	200	300	300	400	400
14-91.06.24.00	牛腿	100	200	300	300	400	400
14-91.06.27.00	楼梯	100	200	300	300	400	400
14-91.06.27.03	梯柱	—	200	300	300	400	400
14-91.06.27.06	梯梁	—	200	300	300	400	400
14-91.06.27.09	梯板	—	200	300	300	400	400
14-91.06.27.12	平台板	—	200	300	300	400	400
14-91.06.27.15	踏步	—	200	300	300	400	400
14-91.06.30.00	流道	100	100	300	300	400	400
14-91.06.30.03	进水流道	100	100	300	300	400	400
14-91.06.30.06	出水流道	100	100	300	300	400	400
14-91.06.33.00	集水井	100	100	200	300	400	400
14-91.06.36.00	空箱	—	100	200	300	400	400
14-91.06.39.00	电缆沟	—	100	200	300	400	400
14-91.06.42.00	压顶	—	100	200	300	400	400
14-91.06.45.00	箱涵	—	100	200	300	400	400
14-91.06.48.00	埋件及吊环	—	100	200	300	400	400

续表 B.0.1

元素分类编码与名称		元素建模精度等级(LOD)					
元素分类编码	元素分类名称	项目建议书阶段	可行性研究阶段	初步设计阶段	施工图设计阶段	施工和竣工阶段	运维阶段
14-91.09.00.00	结构缝	—	100	200	300	400	400
14-91.09.03.00	填缝材料	—	100	200	300	400	400
14-91.09.06.00	止水	—	100	200	300	400	400
14-91.12.00.00	水工钢结构						
14-91.12.03.00	梁	100	200	300	300	400	400
14-91.12.06.00	柱	100	200	300	300	400	400
14-91.12.09.00	板	100	200	300	300	400	400
14-91.12.12.00	牛腿	100	200	300	300	400	400
14-91.12.15.00	楼梯	100	200	300	300	400	400
14-91.12.18.00	连接附件	100	200	300	300	400	400
14-91.12.21.00	埋件	100	200	300	300	400	400
14-91.12.24.00	埋管	100	200	300	300	400	400
14-91.15.00.00	挡墙结构						
14-91.15.03.00	重力式挡土墙	100	200	300	300	400	400
14-91.15.06.00	半重力式挡土墙	100	200	300	300	400	400
14-91.15.09.00	衡重式挡土墙	100	200	300	300	400	400
14-91.15.12.00	悬臂式挡土墙	100	200	300	300	400	400
14-91.15.15.00	扶壁式挡土墙	100	200	300	300	400	400
14-91.15.18.00	空箱式挡土墙	100	200	300	300	400	400
14-91.15.21.00	桩板式挡土墙	100	200	300	300	400	400
14-91.15.24.00	锚杆式挡土墙	100	200	300	300	400	400
14-91.15.27.00	加筋式挡土墙	100	200	300	300	400	400
14-91.18.00.00	护面/护脚结构						

续表 B.0.1

元素分类编码与名称		元素建模精度等级(LOD)					
元素分类编码	元素分类名称	项目建议书阶段	可行性研究阶段	初步设计阶段	施工图设计阶段	施工和竣工阶段	运维阶段
14-91.18.03.00	块体	100	200	300	300	400	400
14-91.18.03.03	扭王块体	100	200	300	300	400	400
14-91.18.03.06	扭工块体	100	200	300	300	400	400
14-91.18.03.09	四角椎体	100	200	300	300	400	400
14-91.18.03.12	四脚空心方块	100	200	300	300	400	400
14-91.18.03.15	螺母块体	100	200	300	300	400	400
14-91.18.03.18	栅栏板	100	200	300	300	400	400
14-91.18.03.21	抛石	100	200	300	300	400	400
14-91.18.03.24	石笼	100	200	300	300	400	400
14-91.18.03.27	杩槎	100	200	300	300	400	400
14-91.18.03.30	杯型块	100	200	300	300	400	400
14-91.18.03.33	彩道砖	100	200	300	300	400	400
14-91.18.03.36	拱肋	100	200	300	300	400	400
14-91.18.03.39	干砌石	100	200	300	300	400	400
14-91.18.03.42	灌砌石	100	200	300	300	400	400
14-91.18.03.45	浆砌石	100	200	300	300	400	400
14-91.18.03.48	理砌石	100	200	300	300	400	400
14-91.18.03.51	埋石混凝土	100	200	300	300	400	400
14-91.18.03.54	毛石混凝土	100	200	300	300	400	400
14-91.18.06.00	排体	100	200	300	300	400	400
14-91.18.06.03	砂肋软体排	100	200	300	300	400	400
14-91.18.06.06	碎石包软体排	100	200	300	300	400	400
14-91.18.06.09	混合软体排	100	200	300	300	400	400

续表 B.0.1

元素分类编码与名称		元素建模精度等级(LOD)					
元素分类编码	元素分类名称	项目建议书阶段	可行性研究阶段	初步设计阶段	施工图设计阶段	施工和竣工阶段	运维阶段
14-91.18.06.12	混凝土联锁块软体排	100	200	300	300	400	400
14-91.18.06.15	铰链排	100	200	300	300	400	400
14-91.18.09.00	模袋混凝土	100	200	300	300	400	400
14-91.18.12.00	植草护坡	100	200	300	300	400	400
14-91.18.15.00	中粗砂	100	200	300	300	400	400
14-91.18.18.00	袋装碎石	100	200	300	300	400	400
14-91.18.21.00	袋装道碴	100	200	300	300	400	400
14-91.18.24.00	袋装土	100	200	300	300	400	400
14-91.18.27.00	耕植土	100	200	300	300	400	400
14-91.18.30.00	格梗	100	200	300	300	400	400
14-91.18.33.00	油毛毡	100	200	300	300	400	400
14-91.21.00.00	排水结构						
14-91.21.03.00	排水棱体	—	100	200	300	400	400
14-91.21.06.00	排水管	—	100	200	300	400	400
14-91.21.09.00	排水沟	—	100	200	300	400	400
14-91.21.12.00	排水井	—	100	200	300	400	400
14-91.21.15.00	反滤层/反滤结构	—	100	200	300	400	400
14-91.21.18.00	土工布	—	100	200	300	400	400
14-91.21.18.03	无纺布	—	100	200	300	400	400
14-91.21.18.06	机织布	—	100	200	300	400	400
14-91.21.18.09	复合土工布	—	100	200	300	400	400
14-91.24.00.00	防渗结构						
14-91.24.03.00	水平防渗	100	200	300	300	400	400

续表 B.0.1

元素分类编码与名称		元素建模精度等级(LOD)					
元素分类编码	元素分类名称	项目建议书阶段	可行性研究阶段	初步设计阶段	施工图设计阶段	施工和竣工阶段	运维阶段
14-91.24.03.03	黏土铺盖	—	200	300	300	400	400
14-91.24.03.06	混凝土铺盖	—	200	300	300	400	400
14-91.24.03.09	钢筋混凝土铺盖	—	200	300	300	400	400
14-91.24.03.12	沥青混凝土铺盖	—	200	300	300	400	400
14-91.24.03.15	堤后盖重	—	200	300	300	400	400
14-91.24.06.00	垂直防渗	100	200	300	300	400	400
14-91.24.06.03	板桩	—	200	300	300	400	400
14-91.24.06.06	齿墙	—	200	300	300	400	400
14-91.24.06.09	劈裂帷幕灌浆	—	200	300	300	400	400
14-91.24.06.12	置换法防渗	—	200	300	300	400	400
14-91.24.06.15	深层搅拌加固	—	200	300	300	400	400
14-91.24.06.18	高压喷射灌浆	—	200	300	300	400	400
14-91.24.06.21	土工膜	—	200	300	300	400	400
14-91.27.00.00	填筑结构						
14-91.27.03.00	充泥管袋	100	200	300	300	400	400
14-91.27.06.00	砂	100	200	300	300	400	400
14-91.27.09.00	石	100	200	300	300	400	400
14-91.27.12.00	土	100	200	300	300	400	400
14-91.27.15.00	混合填充	100	200	300	300	400	400
14-91.27.18.00	素混凝土	100	200	300	300	400	400
14-91.30.00.00	防汛道路						
14-91.30.03.00	道路铺面	100	200	300	300	400	400
14-91.30.06.00	道路路基	100	200	300	300	400	400

续表 B.0.1

元素分类编码与名称		元素建模精度等级(LOD)					
元素分类编码	元素分类名称	项目建议书阶段	可行性研究阶段	初步设计阶段	施工图设计阶段	施工和竣工阶段	运维阶段
14-91.30.09.00	道路路缘	100	200	300	300	400	400
14-91.30.12.00	道路附件	—	200	300	300	400	400
14-91.33.00.00	附属设施						
14-91.33.03.00	系船柱	—	200	300	300	400	400
14-91.33.06.00	系船钩	—	200	300	300	400	400
14-91.33.09.00	护舷	—	200	300	300	400	400
14-91.33.09.03	钢护舷	—	200	300	300	400	400
14-91.33.09.06	橡胶护舷	—	200	300	300	400	400
14-91.33.12.00	警示灯	—	200	300	300	400	400
14-91.33.15.00	爬梯	—	200	300	300	400	400
14-91.33.15.03	钢爬梯	—	200	300	300	400	400
14-91.33.15.06	塑钢爬梯	—	200	300	300	400	400
14-91.33.18.00	盖板	—	200	300	300	400	400
14-91.33.18.03	玻璃钢盖板	—	200	300	300	400	400
14-91.33.18.06	钢盖板	—	200	300	300	400	400
14-91.33.18.09	预制混凝土板	—	200	300	300	400	400
14-91.33.21.00	预制板	—	200	300	300	400	400
14-91.33.24.00	格栅	—	200	300	300	400	400
14-91.33.24.03	玻璃钢格栅	—	200	300	300	400	400
14-91.33.21.06	不锈钢格栅	—	200	300	300	400	400
14-91.33.27.00	栏杆	—	200	300	300	400	400
14-91.33.30.00	雨篷	—	200	300	300	400	400
14-91.33.33.00	砖砌结构	—	200	300	300	400	400

续表 B.0.1

元素分类编码与名称		元素建模精度等级(LOD)					
元素分类编码	元素分类名称	项目建议书阶段	可行性研究阶段	初步设计阶段	施工图设计阶段	施工和竣工阶段	运维阶段
14-91.33.36.00	桥涵	100	200	300	300	400	400
14-91.36.00.00	监测						
14-91.36.03.00	水尺	—	200	300	300	400	400
14-91.36.06.00	水准基点	—	200	300	300	400	400
14-91.36.09.00	渗压计	—	200	300	300	400	400
14-91.36.12.00	钢筋计	—	200	300	300	400	400
14-91.36.15.00	液压计	—	200	300	300	400	400
14-91.36.18.00	土压计	—	200	300	300	400	400
14-91.36.21.00	水位计	—	200	300	300	400	400
14-91.36.24.00	位移计	—	200	300	300	400	400
14-91.36.27.00	PVC 测井筒	—	200	300	300	400	400
14-91.36.30.00	堤基测斜管	—	200	300	300	400	400
14-91.39.00.00	围堰						
14-91.39.03.00	板桩围堰	100	200	300	300	400	400
14-91.39.03.03	钢板桩围堰	100	200	300	300	400	400
14-91.39.03.06	预制混凝土板桩围堰	100	200	300	300	400	400
14-91.39.06.00	管桩围堰	100	200	300	300	400	400
14-91.39.06.03	钢管桩围堰	100	200	300	300	400	400
14-91.39.06.06	预制管桩围堰	100	200	300	300	400	400
14-91.39.09.00	木材围堰	100	200	300	300	400	400
14-91.39.09.03	圆木桩围堰	100	200	300	300	400	400
14-91.39.09.06	木板桩围堰	100	200	300	300	400	400
14-91.39.09.09	竹笼围堰	100	200	300	300	400	400

续表 B.0.1

元素分类编码与名称		元素建模精度等级(LOD)					
元素分类编码	元素分类名称	项目建议书阶段	可行性研究阶段	初步设计阶段	施工图设计阶段	施工和竣工阶段	运维阶段
14-91.39.12.00	混凝土围堰	100	200	300	300	400	400
14-91.39.15.00	水泥土围堰	100	200	300	300	400	400
14-91.39.18.00	草土围堰	100	200	300	300	400	400
14-91.39.18.03	土围堰	100	200	300	300	400	400
14-91.39.18.06	吹填砂围堰	100	200	300	300	400	400
14-91.42.00.00	绿化						
14-91.42.03.00	岸顶绿化	—	200	300	300	400	400
14-91.42.06.00	斜坡绿化	—	200	300	300	400	400
14-91.42.09.00	水生植物	—	200	300	300	400	400
14-91.45.00.00	基坑临时监测						
14-91.45.03.00	位移计	—	200	300	300	400	400
14-91.45.06.00	测斜管	—	200	300	300	400	400
14-91.45.09.00	应力计	—	200	300	300	400	400
14-91.45.12.00	土压力计	—	200	300	300	400	400
14-91.45.15.00	水压力计	—	200	300	300	400	400
14-91.48.00.00	水文设施						
14-91.48.03.00	水文站	100	200	300	300	400	400
14-91.48.03.03	上部结构	100	200	300	300	400	400
14-91.48.03.06	承台	100	200	300	300	400	400
14-91.48.03.09	立柱	100	200	300	300	400	400
14-91.48.06.00	栈桥	100	200	300	300	400	400
14-91.48.06.03	上部结构	100	200	300	300	400	400
14-91.48.06.06	承台	100	200	300	300	400	400
14-91.48.06.09	立柱	100	200	300	300	400	400
14-91.48.09.00	防撞墩	100	200	300	300	400	400

表 B.0.2 水力机械专业模型的元素建模精度等级(LOD)

元素分类编码和名称		元素建模精度等级(LOD)					
元素分类编码	元素分类名称	项目建议书阶段	可行性研究阶段	初步设计阶段	施工图设计阶段	施工和竣工阶段	运维阶段
14-92.00.00.00	水力机械						
14-92.03.00.00	主泵	100	200	300	400	400	400
14-92.03.03.00	轴流泵	100	200	300	400	400	400
14-92.03.03.03	立式轴流泵	100	200	300	400	400	400
14-92.03.03.06	卧式轴流泵	100	200	300	400	400	400
14-92.03.03.09	斜式轴流泵	100	200	300	400	400	400
14-92.03.03.12	竖井贯流泵	100	200	300	400	400	400
14-92.03.03.15	潜水轴流泵	100	200	300	400	400	400
14-92.03.03.18	潜水贯流泵	100	200	300	400	400	400
14-92.03.04.00	混流泵	100	200	300	400	400	400
14-92.03.05.00	离心泵	100	200	300	400	400	400
14-92.06.00.00	电动机	100	200	300	400	400	400
14-92.06.03.00	异步电动机	100	200	300	400	400	400
14-92.06.06.00	同步电动机	100	200	300	400	400	400
14-92.06.06.00	永磁电动机	100	200	300	400	400	400
14-92.09.00.00	齿轮箱	100	200	300	400	400	400
14-92.09.03.00	平行轴齿轮箱	100	200	300	400	400	400
14-92.09.06.00	行星齿轮箱	100	200	300	400	400	400
14-92.12.00.00	进出水流道	100	200	300	400	400	400
14-92.12.03.00	进水流道	100	200	300	400	400	400
14-92.12.03.03	簸箕形进水流道	100	200	300	400	400	400
14-92.12.03.06	肘形进水流道	100	200	300	400	400	400
14-92.12.03.09	钟形进水流道	100	200	300	400	400	400

续表 B.0.2

元素分类编码与名称		元素建模精度等级(LOD)					
元素分类编码	元素分类名称	项目建议书阶段	可行性研究阶段	初步设计阶段	施工图设计阶段	施工和竣工阶段	运维阶段
14-92.12.03.12	双向进水流道	100	200	300	400	400	400
14-92.12.06.00	出水流道	100	200	300	400	400	400
14-92.12.06.03	直管式出水流道	100	200	300	400	400	400
14-92.12.06.06	虹吸式出水流道	100	200	300	400	400	400
14-92.12.06.09	猫背式出水流道	100	200	300	400	400	400
14-92.12.06.12	屈膝式出水流道	100	200	300	400	400	400
14-92.12.06.15	双向出水流道	100	200	300	400	400	400
14-92.15.00.00	进出水管道	100	200	300	400	400	400
14-92.15.03.00	进水管	100	200	300	400	400	400
14-92.15.06.00	出水管	100	200	300	400	400	400
14-92.15.09.00	主阀	100	200	300	400	400	400
14-92.15.12.00	水锤防护装置	100	200	300	400	400	400
14-92.18.00.00	真空及充水系统	—	100	200	300	400	400
14-92.18.03.00	真空泵	—	100	200	300	400	400
14-92.18.06.00	真空罐	—	100	200	300	400	400
14-92.18.09.00	汽水分离器	—	100	200	300	400	400
14-92.18.12.00	水箱	—	100	200	300	400	400
14-92.18.15.00	管子	—	100	200	300	400	400
14-92.18.18.00	管件	—	100	200	300	400	400
14-92.18.21.00	阀门	—	100	200	300	400	400
14-92.21.00.00	供油系统	—	100	200	300	400	400
14-92.21.03.00	透平油系统	—	100	200	300	400	400
14-92.21.03.03	油罐	—	100	200	300	400	400

续表 B.0.2

元素分类编码与名称		元素建模精度等级(LOD)					
元素分类编码	元素分类名称	项目建议书阶段	可行性研究阶段	初步设计阶段	施工图设计阶段	施工和竣工阶段	运维阶段
14-92.21.03.06	油泵	—	100	200	300	400	400
14-92.21.03.09	滤油机	—	100	200	300	400	400
14-92.21.03.12	油管	—	100	200	300	400	400
14-92.21.03.15	管件	—	100	200	300	400	400
14-92.21.03.18	阀门	—	100	200	300	400	400
14-92.21.03.21	测量仪表	—	100	200	300	400	400
14-92.24.00.00	供水系统	—	100	200	300	400	400
14-92.24.03.00	技术供水系统	—	100	200	300	400	400
14-92.24.03.03	水箱、水池	—	100	200	300	400	400
14-92.24.03.06	水泵	—	100	200	300	400	400
14-92.24.03.09	滤水器	—	100	200	300	400	400
14-92.24.03.12	散热器	—	100	200	300	400	400
14-92.24.03.15	管子	—	100	200	300	400	400
14-92.24.03.18	管件	—	100	200	300	400	400
14-92.24.03.21	阀门	—	100	200	300	400	400
14-92.24.03.24	仪表	—	100	200	300	400	400
14-92.24.06.00	消防供水系统	—	100	200	300	400	400
14-92.24.06.03	水箱、水池	—	100	200	300	400	400
14-92.24.06.06	水泵	—	100	200	300	400	400
14-92.24.06.09	滤水器	—	100	200	300	400	400
14-92.24.06.12	灭火器	—	100	200	300	400	400
14-92.24.06.15	管子	—	100	200	300	400	400
14-92.24.06.18	管件	—	100	200	300	400	400

续表 B.0.2

元素分类编码与名称		元素建模精度等级(LOD)					
元素分类编码	元素分类名称	项目建议书阶段	可行性研究阶段	初步设计阶段	施工图设计阶段	施工和竣工阶段	运维阶段
14-92.24.06.21	稳压罐	—	100	200	300	400	400
14-92.24.06.24	阀门	—	100	200	300	400	400
14-92.24.06.27	消火栓箱	—	100	200	300	400	400
14-92.24.06.30	仪表	—	100	200	300	400	400
14-92.27.00.00	排水系统	—	100	200	300	400	400
14-92.27.03.00	检修排水系统	—	100	200	300	400	400
14-92.27.03.03	拦污栅	—	100	200	300	400	400
14-92.27.03.06	水泵	—	100	200	300	400	400
14-92.27.03.09	阀门	—	100	200	300	400	400
14-92.27.03.12	管子	—	100	200	300	400	400
14-92.27.03.15	管件	—	100	200	300	400	400
14-92.27.03.18	仪表	—	100	200	300	400	400
14-92.27.06.00	渗漏排水系统	—	100	200	300	400	400
14-92.27.06.03	拦污栅	—	100	200	300	400	400
14-92.27.06.06	水泵	—	100	200	300	400	400
14-92.27.06.09	阀门	—	100	200	300	400	400
14-92.27.06.12	管子	—	100	200	300	400	400
14-92.27.06.15	管件	—	100	200	300	400	400
14-92.27.06.18	仪表	—	100	200	300	400	400
14-92.30.00.00	压缩空气系统	—	100	200	300	400	400
14-92.30.03.00	空压机	—	100	200	300	400	400
14-92.30.06.00	储气罐	—	100	200	300	400	400
14-92.30.09.00	汽水分离器	—	100	200	300	400	400

续表 B.0.2

元素分类编码与名称		元素建模精度等级(LOD)					
元素分类编码	元素分类名称	项目建议书阶段	可行性研究阶段	初步设计阶段	施工图设计阶段	施工和竣工阶段	运维阶段
14-92.30.12.00	水箱	—	100	200	300	400	400
14-92.30.15.00	管子	—	100	200	300	400	400
14-92.30.18.00	管件	—	100	200	300	400	400
14-92.30.21.00	阀门	—	100	200	300	400	400
14-92.33.00.00	采暖通风及空气调节系统	—	100	200	300	400	400
14-92.33.03.00	泵房通风及空气调节系统	—	100	200	300	400	400
14-92.33.03.03	通风机	—	100	200	300	400	400
14-92.33.03.06	风管	—	100	200	300	400	400
14-92.33.03.09	支吊架	—	100	200	300	400	400
14-92.33.03.12	风阀	—	100	200	300	400	400
14-92.33.03.15	除湿机	—	100	200	300	400	400
14-92.33.03.18	加热器	—	100	200	300	400	400
14-92.33.03.21	空调	—	100	200	300	400	400
14-92.33.06.00	电机通风系统	—	100	200	300	400	400
14-92.33.06.03	通风机	—	100	200	300	400	400
14-92.33.06.06	风管	—	100	200	300	400	400
14-92.36.00.00	水力监测系统	—	100	200	300	400	400
14-92.36.03.00	仪表	—	100	200	300	400	400
14-92.36.03.03	水位	—	100	200	300	400	400
14-92.36.03.06	水位差	—	100	200	300	400	400
14-92.36.03.09	温度	—	100	200	300	400	400

续表 B.0.2

元素分类编码与名称		元素建模精度等级(LOD)					
元素分类编码	元素分类名称	项目建议书阶段	可行性研究阶段	初步设计阶段	施工图设计阶段	施工和竣工阶段	运维阶段
14-92.36.03.12	压力	—	100	200	300	400	400
14-92.36.03.15	压力差	—	100	200	300	400	400
14-92.36.03.18	渗漏	—	100	200	300	400	400
14-92.36.03.21	流量	—	100	200	300	400	400
14-92.36.03.24	湿度	—	100	200	300	400	400
14-92.36.03.27	转速	—	100	200	300	400	400
14-92.36.03.30	振动	—	100	200	300	400	400
14-92.36.06.00	接线盒	—	100	200	300	400	400
14-92.36.09.00	电缆	—	100	200	300	400	400
14-92.39.00.00	起重设备	100	200	300	400	400	400
14-92.39.03.00	桥式起重机	100	200	300	400	400	400
14-92.39.06.00	门式起重机	100	200	300	400	400	400
14-92.39.09.00	电动悬挂式起重机	100	200	300	400	400	400
14-92.39.12.00	手拉葫芦	100	200	300	400	400	400
14-92.39.15.00	电动葫芦	100	200	300	400	400	400
14-92.42.00.00	机修设备	—	100	200	300	400	400

表 B.0.3 金属结构专业元素建模精度等级(LOD)

元素分类编码和名称		元素建模精度等级(LOD)					
元素分类编码	元素分类名称	项目建议书阶段	可行性研究阶段	初步设计阶段	施工图设计阶段	施工和竣工阶段	运维阶段
14-93.00.00.00	金属结构						
14-93.03.00.00	闸门						
14-93.03.03.00	平面闸门	—	200	300	400	400	400
14-93.03.03.03	直升式平面闸门	—	200	300	400	400	400
14-93.03.03.06	横拉式平面闸门	—	200	300	400	400	400
14-93.03.03.09	转动式平面闸门	—	200	300	400	400	400
14-93.03.03.12	浮箱式平面闸门	—	200	300	400	400	400
14-93.03.03.15	升卧式平面闸门	—	200	300	400	400	400
14-93.03.06.00	弧形闸门	—	200	300	400	400	400
14-93.03.06.03	三角闸门	—	200	300	400	400	400
14-93.03.06.06	扇形闸门	—	200	300	400	400	400
14-93.03.06.09	鼓形闸门	—	200	300	400	400	400
14-93.03.09.00	其他型式闸门	—	200	300	400	400	400
14-93.03.09.00	人字闸门	—	200	300	400	400	400
14-93.06.00.00	闸门组成构件						
14-93.06.03.00	面板及梁系	—	200	300	400	400	400
14-93.06.06.00	连接装置	—	—	—	400	400	400
14-93.06.09.00	止水装置	—	—	300	400	400	400
14-93.06.12.00	锁定装置	—	200	300	400	400	400
14-93.06.15.00	支承装置	—	—	300	400	400	400
14-93.06.18.00	行走装置	—	200	200	400	400	400
14-93.06.21.00	预埋件	—	—	—	400	400	400
14-93.09.00.00	启闭设备						

续表 B.0.3

元素分类编码与名称		元素建模精度等级(LOD)					
元素分类编码	元素分类名称	项目建议书阶段	可行性研究阶段	初步设计阶段	施工图设计阶段	施工和竣工阶段	运维阶段
14-93.09.03.00	固定式启闭机	—	100	100	200	200	200
14-93.09.03.03	固定卷扬式启闭机	—	100	100	200	200	200
14-93.09.03.06	固定螺杆式启闭机	—	100	100	200	200	200
14-93.09.03.09	固定链式启闭机	—	100	100	200	200	200
14-93.09.03.12	固定连杆式启闭机	—	100	100	200	200	200
14-93.09.03.15	固定液压式启闭机	—	100	100	200	200	200
14-93.09.06.00	移动式启闭机	—	100	100	200	200	200
14-93.09.06.03	移动卷扬式启闭机	—	100	100	200	200	200
14-93.09.06.06	其他移动式启闭机	—	100	100	200	200	200
14-93.12.00.00	启闭设备构成装置						
14-93.12.03.00	动力装置	—	—	100	200	200	200
14-93.12.03.03	液压泵站	—	—	100	200	200	200
14-93.12.03.06	液压泵站供液管	—	—	—	—	200	200
14-93.12.03.09	液压泵站回液管	—	—	—	—	200	200
14-93.15.00.00	拦污栅						
14-93.15.03.00	固定式拦污栅	—	100	300	400	400	400
14-93.15.06.00	活动式拦污栅	—	100	300	400	400	400
14-93.18.00.00	清污机						
14-93.18.03.00	耙斗式清污机	—	100	100	200	200	200
14-93.18.06.00	悬吊式清污机	—	100	100	200	200	200
14-93.18.09.00	回转式清污机	—	100	100	200	200	200
14-93.21.00.00	清污机附属系统						
14-93.21.03.00	皮带输送机	—	100	100	200	200	200

表 B.0.4　电气专业模型的元素建模精度等级(LOD)

元素分类编码与名称		元素建模精度等级(LOD)					
元素分类编码	元素分类名称	项目建议书阶段	可行性研究阶段	初步设计阶段	施工图设计阶段	施工和竣工阶段	运维阶段
14-94.00.00.00	电气系统	—	200	300	300	400	400
14-94.03.00.00	35kV 配电系统	—	200	300	300	400	400
14-94.03.03.00	35kV 母线	—	200	300	300	400	400
14-94.03.03.03	进线柜	—	200	300	300	400	400
14-94.03.03.06	隔离柜	—	200	300	300	400	400
14-94.03.03.09	计量柜	—	200	300	300	400	400
14-94.03.03.12	压变柜	—	200	300	300	400	400
14-94.03.03.15	联络柜	—	200	300	300	400	400
14-94.03.03.18	主变出线柜	—	200	300	300	400	400
14-94.03.03.21	站变出线柜	—	200	300	300	400	400
14-94.03.03.24	所用变出线柜	—	200	300	300	400	400
14-94.03.03.27	馈线柜	—	200	300	300	400	400
14-94.03.03.30	无功补偿柜	—	200	300	300	400	400
14-94.06.00.00	35kV 主变压器	—	200	300	300	400	400
14-94.06.03.00	X# 主变	—	200	300	300	400	400
14-94.06.03.03	主变本体	—	200	300	300	400	400
14-94.06.03.06	高压套管	—	200	300	300	400	400
14-94.06.03.09	低压套管	—	200	300	300	400	400
14-94.06.03.12	高压中性点套管	—	200	300	300	400	400
14-94.06.03.15	接地套管	—	200	300	300	400	400
14-94.06.03.18	冷却器(散热器)	—	200	300	300	400	400
14-94.06.03.21	储油柜	—	200	300	300	400	400
14-94.06.03.24	闸阀	—	200	300	300	400	400

续表 B.0.4

元素分类编码与名称		元素建模精度等级(LOD)					
元素分类编码	元素分类名称	项目建议书阶段	可行性研究阶段	初步设计阶段	施工图设计阶段	施工和竣工阶段	运维阶段
14-94.06.03.27	压力释放阀	—	200	300	300	400	400
14-94.06.03.30	温控装置	—	200	300	300	400	400
14-94.06.03.33	油面油温监测装置	—	200	300	300	400	400
14-94.06.03.36	有载调压机构	—	200	300	300	400	400
14-94.09.00.00	20kV 配电系统	—	200	300	300	400	400
14-94.09.03.00	20kV 母线	—	200	300	300	400	400
14-94.09.03.03	进线柜	—	200	300	300	400	400
14-94.09.03.06	隔离柜	—	200	300	300	400	400
14-94.09.03.09	计量柜	—	200	300	300	400	400
14-94.09.03.12	压变柜	—	200	300	300	400	400
14-94.09.03.15	联络柜	—	200	300	300	400	400
14-94.09.03.18	主变出线柜	—	200	300	300	400	400
14-94.09.03.21	站变出线柜	—	200	300	300	400	400
14-94.09.03.24	所用变出线柜	—	200	300	300	400	400
14-94.09.03.27	馈线柜	—	200	300	300	400	400
14-94.09.03.30	无功补偿柜	—	200	300	300	400	400
14-94.12.00.00	20kV 主变压器	—	200	300	300	400	400
14-94.12.03.00	X# 主变	—	200	300	300	400	400
14-94.12.03.03	主变本体	—	200	300	300	400	400
14-94.12.03.06	高压套管	—	200	300	300	400	400
14-94.12.03.09	低压套管	—	200	300	300	400	400
14-94.12.03.12	高压中性点套管	—	200	300	300	400	400
14-94.12.03.15	接地套管	—	200	300	300	400	400

续表 B.0.4

元素分类编码与名称		元素建模精度等级(LOD)					
元素分类编码	元素分类名称	项目建议书阶段	可行性研究阶段	初步设计阶段	施工图设计阶段	施工和竣工阶段	运维阶段
14-94.12.03.18	冷却器(散热器)	—	200	300	300	400	400
14-94.12.03.21	储油柜	—	200	300	300	400	400
14-94.12.03.24	闸阀	—	200	300	300	400	400
14-94.12.03.27	压力释放阀	—	200	300	300	400	400
14-94.12.03.30	温控装置	—	200	300	300	400	400
14-94.12.03.33	油面油温监测装置	—	200	300	300	400	400
14-94.12.03.36	有载调压机构	—	200	300	300	400	400
14-94.15.00.00	10kV 配电系统	—	200	300	300	400	400
14-94.15.03.00	10kV 母线	—	200	300	300	400	400
14-94.15.03.03	进线柜	—	200	300	300	400	400
14-94.15.03.06	隔离柜	—	200	300	300	400	400
14-94.15.03.09	计量柜	—	200	300	300	400	400
14-94.15.03.12	压变柜	—	200	300	300	400	400
14-94.15.03.15	联络柜	—	200	300	300	400	400
14-94.15.03.18	主变出线柜	—	200	300	300	400	400
14-94.15.03.21	站变出线柜	—	200	300	300	400	400
14-94.15.03.24	所用变出线柜	—	200	300	300	400	400
14-94.15.03.27	馈线柜	—	200	300	300	400	400
14-94.15.03.30	无功补偿柜	—	200	300	300	400	400
14-94.18.00.00	10kV 主变压器	—	200	300	300	400	400
14-94.18.03.00	X# 主变	—	200	300	300	400	400
14-94.18.03.03	主变本体	—	200	300	300	400	400
14-94.18.03.06	高压套管	—	200	300	300	400	400

续表 B.0.4

元素分类编码与名称		元素建模精度等级(LOD)					
元素分类编码	元素分类名称	项目建议书阶段	可行性研究阶段	初步设计阶段	施工图设计阶段	施工和竣工阶段	运维阶段
14-94.18.03.09	低压套管	—	200	300	300	400	400
14-94.18.03.12	高压中性点套管	—	200	300	300	400	400
14-94.18.03.15	接地套管	—	200	300	300	400	400
14-94.18.03.18	冷却器(散热器)	—	200	300	300	400	400
14-94.18.03.21	储油柜	—	200	300	300	400	400
14-94.18.03.24	闸阀	—	200	300	300	400	400
14-94.18.03.27	压力释放阀	—	200	300	300	400	400
14-94.18.03.30	温控装置	—	200	300	300	400	400
14-94.18.03.33	油面油温监测装置	—	200	300	300	400	400
14-94.18.03.36	有载调压机构	—	200	300	300	400	400
14-94.21.00.00	6kV 配电系统	—	200	300	300	400	400
14-94.21.03.00	6kV 母线	—	200	300	300	400	400
14-94.21.03.03	进线柜	—	200	300	300	400	400
14-94.21.03.06	隔离柜	—	200	300	300	400	400
14-94.21.03.09	计量柜	—	200	300	300	400	400
14-94.21.03.12	压变柜	—	200	300	300	400	400
14-94.21.03.15	联络柜	—	200	300	300	400	400
14-94.21.03.18	主变出线柜	—	200	300	300	400	400
14-94.21.03.21	站变出线柜	—	200	300	300	400	400
14-94.21.03.24	所用变出线柜	—	200	300	300	400	400
14-94.21.03.27	馈线柜	—	200	300	300	400	400
14-94.21.03.30	无功补偿柜	—	200	300	300	400	400
14-94.24.00.00	6kV 主变压器	—	200	300	300	400	400

续表 B.0.4

元素分类编码与名称		元素建模精度等级(LOD)					
元素分类编码	元素分类名称	项目建议书阶段	可行性研究阶段	初步设计阶段	施工图设计阶段	施工和竣工阶段	运维阶段
14-94.24.03.00	X#主变	—	200	300	300	400	400
14-94.24.03.03	主变本体	—	200	300	300	400	400
14-94.24.03.06	高压套管	—	200	300	300	400	400
14-94.24.03.09	低压套管	—	200	300	300	400	400
14-94.24.03.12	高压中性点套管	—	200	300	300	400	400
14-94.24.03.15	接地套管	—	200	300	300	400	400
14-94.24.03.18	冷却器(散热器)	—	200	300	300	400	400
14-94.24.03.21	储油柜	—	200	300	300	400	400
14-94.24.03.24	闸阀	—	200	300	300	400	400
14-94.24.03.27	压力释放阀	—	200	300	300	400	400
14-94.24.03.30	温控装置	—	200	300	300	400	400
14-94.24.03.33	油面油温监测装置	—	200	300	300	400	400
14-94.24.03.36	有载调压机构	—	200	300	300	400	400
14-94.27.00.00	3kV 配电系统	—	200	300	300	400	400
14-94.27.03.00	3kV 母线	—	200	300	300	400	400
14-94.27.03.03	进线柜	—	200	300	300	400	400
14-94.27.03.06	隔离柜	—	200	300	300	400	400
14-94.27.03.09	计量柜	—	200	300	300	400	400
14-94.27.03.12	压变柜	—	200	300	300	400	400
14-94.27.03.15	联络柜	—	200	300	300	400	400
14-94.27.03.18	主变出线柜	—	200	300	300	400	400
14-94.27.03.21	站变出线柜	—	200	300	300	400	400
14-94.27.03.24	所用变出线柜	—	200	300	300	400	400

续表 B.0.4

元素分类编码与名称		元素建模精度等级(LOD)					
元素分类编码	元素分类名称	项目建议书阶段	可行性研究阶段	初步设计阶段	施工图设计阶段	施工和竣工阶段	运维阶段
14-94.27.03.27	馈线柜	—	200	300	300	400	400
14-94.27.03.30	无功补偿柜	—	200	300	300	400	400
14-94.30.00.00	3kV 主变压器	—	200	300	300	400	400
14-94.30.03.00	X# 主变	—	200	300	300	400	400
14-94.30.03.03	主变本体	—	200	300	300	400	400
14-94.30.03.06	高压套管	—	200	300	300	400	400
14-94.30.03.09	低压套管	—	200	300	300	400	400
14-94.30.03.12	高压中性点套管	—	200	300	300	400	400
14-94.30.03.15	接地套管	—	200	300	300	400	400
14-94.30.03.18	冷却器(散热器)	—	200	300	300	400	400
14-94.30.03.21	储油柜	—	200	300	300	400	400
14-94.30.03.24	闸阀	—	200	300	300	400	400
14-94.30.03.27	压力释放阀	—	200	300	300	400	400
14-94.30.03.30	温控装置	—	200	300	300	400	400
14-94.30.03.33	油面油温监测装置	—	200	300	300	400	400
14-94.30.03.36	有载调压机构	—	200	300	300	400	400
14-94.33.00.00	1kV 以下配电系统	—	200	300	300	400	400
14-94.33.03.00	660V 母线	—	200	300	300	400	400
14-94.33.03.03	进线柜	—	200	300	300	400	400
14-94.33.03.06	计量柜	—	200	300	300	400	400
14-94.33.03.09	馈电柜	—	200	300	300	400	400
14-94.33.03.12	联络柜	—	200	300	300	400	400
14-94.33.03.15	电动机控制柜	—	200	300	300	400	400

续表 B.0.4

元素分类编码与名称		元素建模精度等级(LOD)					
元素分类编码	元素分类名称	项目建议书阶段	可行性研究阶段	初步设计阶段	施工图设计阶段	施工和竣工阶段	运维阶段
14-94.33.03.18	无功补偿柜	—	200	300	300	400	400
14-94.33.06.00	380V 母线	—	200	300	300	400	400
14-94.33.06.03	进线柜	—	200	300	300	400	400
14-94.33.06.06	计量柜	—	200	300	300	400	400
14-94.33.06.09	馈电柜	—	200	300	300	400	400
14-94.33.06.12	联络柜	—	200	300	300	400	400
14-94.33.06.15	电动机控制柜	—	200	300	300	400	400
14-94.33.06.18	无功补偿柜	—	200	300	300	400	400
14-94.36.00.00	柴油发电机组及附属设备	—	—	300	300	400	400
14-94.36.03.00	柴油发电机电力系统	—	—	300	300	400	400
14-94.36.03.03	柴油发电机控制箱	—	—	300	300	400	400
14-94.36.03.06	柴油发电机出线端子箱	—	—	300	300	400	400
14-94.36.06.00	柴油发电机供油系统	—	—	300	300	400	400
14-94.36.06.03	柴油发电机供油泵	—	—	300	300	400	400
14-94.36.06.06	柴油发电机油箱	—	—	300	300	400	400
14-94.39.00.00	直流电源系统	—	—	—	300	400	400
14-94.39.03.00	直流系统	—	—	—	300	400	400
14-94.39.03.03	直流充电屏	—	—	—	300	400	400
14-94.39.03.06	馈线屏	—	—	—	300	400	400
14-94.39.03.09	蓄电池屏	—	—	—	300	400	400
14-94.42.00.00	不间断电源系统	—	—	—	300	400	400

续表 B.0.4

元素分类编码与名称		元素建模精度等级(LOD)					
元素分类编码	元素分类名称	项目建议书阶段	可行性研究阶段	初步设计阶段	施工图设计阶段	施工和竣工阶段	运维阶段
14-94.42.03.00	UPS 系统	—	—	—	300	400	400
14-94.42.03.03	电力 UPS 控制器	—	—	—	300	400	400
14-94.42.03.06	UPS 馈电盘	—	—	—	300	400	400
14-94.42.03.09	UPS 蓄电池柜	—	—	—	300	400	400
14-94.42.06.00	EPS 系统	—	—	—	300	400	400
14-94.42.06.03	电力 EPS 控制器	—	—	—	300	400	400
14-94.42.06.06	EPS 馈电盘	—	—	—	300	400	400
14-94.42.06.09	EPS 蓄电池柜	—	—	—	300	400	400
14-94.45.00.00	继电保护系统	—	—	—	300	400	400
14-94.45.03.00	水泵电机保护	—	—	—	300	400	400
14-94.45.03.03	电机保护盘	—	—	—	300	400	400
14-94.45.03.06	故障录波器柜	—	—	—	300	400	400
14-94.45.06.00	主变保护系统	—	—	—	300	400	400
14-94.45.06.13	X# 主变保护柜	—	—	—	300	400	400
14-94.45.09.00	线路保护及自动装置	—	—	—	300	400	400
14-94.45.09.03	35kV 配电系统保护测控装置	—	—	—	300	400	400
14-94.45.09.06	10kV 配电系统保护测控装置	—	—	—	300	400	400
14-94.45.09.09	10kV 电容器保护装置	—	—	—	300	400	400
14-94.48.00.00	监控系统	—	—	—	300	400	400

续表 B.0.4

元素分类编码与名称		元素建模精度等级(LOD)					
元素分类编码	元素分类名称	项目建议书阶段	可行性研究阶段	初步设计阶段	施工图设计阶段	施工和竣工阶段	运维阶段
14-94.48.03.00	监控计算机	—	—	—	300	400	400
14-94.48.06.00	通信计算机	—	—	—	300	400	400
14-94.48.06.00	公用测控屏	—	—	—	300	400	400
14-94.48.06.03	公用测控装置	—	—	—	300	400	400
14-94.48.09.00	模拟屏	—	—	—	300	400	400
14-94.48.12.00	控制台	—	—	—	300	400	400
14-94.48.15.00	存储设备	—	—	—	300	400	400
14-94.48.18.00	打印机	—	—	—	300	400	400
14-94.51.00.00	现地控制单元	—	—	—	300	400	400
14-94.51.03.00	机组 LCU	—	—	—	300	400	400
14-94.51.06.00	LCU 控制盘柜	—	—	—	300	400	400
14-94.51.09.00	LCU 控制盘柜	—	—	—	300	400	400
14-94.54.00.00	时钟同步系统	—	—	—	300	400	400
14-94.57.00.00	通信系统	—	—	—	300	400	400
14-94.57.03.00	通信设备柜	—	—	—	300	400	400
14-94.57.03.03	远动通信设备	—	—	—	300	400	400
14-94.57.03.06	光端机	—	—	—	300	400	400
14-94.57.03.09	交换机	—	—	—	300	400	400
14-94.57.03.12	路由器	—	—	—	300	400	400
14-94.57.03.15	防火墙	—	—	—	300	400	400
14-94.57.06.00	通信配线柜	—	—	—	300	400	400
14-94.60.00.00	工业电视设备	—	—	300	300	400	400
14-94.60.03.00	视频监控	—	—	300	300	400	400

续表 B.0.4

元素分类编码与名称		元素建模精度等级(LOD)					
元素分类编码	元素分类名称	项目建议书阶段	可行性研究阶段	初步设计阶段	施工图设计阶段	施工和竣工阶段	运维阶段
14-94.60.03.03	控制器	—	—	300	300	400	400
14-94.60.03.06	流媒体服务器	—	—	300	300	400	400
14-94.60.03.09	球机、枪机	—	—	300	300	400	400
14-94.60.06.00	安防监控	—	—	300	300	400	400
14-94.60.09.00	数字电视	—	—	300	300	400	400
14-94.63.00.00	门禁、出入口控制	—	—	300	300	400	400
14-94.66.00.00	消防系统	—	—	300	300	400	400
14-94.66.03.00	消防控制柜	—	—	300	300	400	400
14-94.66.06.00	火灾自动报警系统	—	—	300	300	400	400
14-94.66.06.03	消防管理机	—	—	300	300	400	400
14-94.66.06.06	联动控制器	—	—	300	300	400	400
14-94.66.06.09	消防应急广播	—	—	300	300	400	400
14-94.66.06.12	手动火灾报警按钮	—	—	300	300	400	400
14-94.66.06.15	声光报警器	—	—	300	300	400	400
14-94.66.06.18	智能光电感烟探测器	—	—	300	300	400	400
14-94.66.06.21	防爆感烟探测器	—	—	300	300	400	400
14-94.66.06.24	防爆感温探测器	—	—	300	300	400	400
14-94.69.00.00	照明系统	—	—	300	300	400	400
14-94.69.03.00	照明配电箱	—	—	300	300	400	400
14-94.69.03.03	灯具	—	—	300	300	400	400
14-94.69.03.06	开关	—	—	300	300	400	400
14-94.69.03.09	插座	—	—	300	300	400	400
14-94.72.00.00	防雷接地系统	—	—	300	300	400	400

续表 B.0.4

元素分类编码与名称		元素建模精度等级(LOD)					
元素分类编码	元素分类名称	项目建议书阶段	可行性研究阶段	初步设计阶段	施工图设计阶段	施工和竣工阶段	运维阶段
14-94.72.03.00	接地系统	—	—	300	300	400	400
14-94.72.03.03	接地网	—	—	300	300	400	400
14-94.72.06.00	防雷系统	—	—	300	300	400	400
14-94.72.06.03	接闪针	—	—	300	300	400	400
14-94.72.06.06	接闪带	—	—	300	300	400	400

附录C 水利工程信息模型几何信息粒度等级表

表C.0.1 水工专业几何信息粒度等级(LOD)

序号	分类	几何信息内容	几何信息粒度等级(LOD)					
			项目建议书阶段	可行性研究阶段	初步设计阶段	施工图设计阶段	施工和竣工阶段	运维阶段
1	一般需求	泵闸选型及布置,包括水闸孔数、泵站台数、底板墩墙布置以及基础结构主要构件的布置	100	200	300	300	400	400
2	一般需求	主要技术指标,如水闸净宽、底板长度、底板顶高程、墩墙顶高程、泵站各控制高程等	100	200	300	300	400	400
3	场地	主体规模、管理区面积及占地、场地红线范围、规划蓝线、绿化面积等	100	200	300	300	300	300
4	场地	周边环境边界、地形地貌、水文地质等	100	200	300	300	300	300
5	围堰	围堰选型及布置,如围堰顶高程(汛期和非汛期)、围堰平面布置、围堰断面尺寸等	—	100	200	300	400	—

续表 C.0.1

序号	分类	几何信息内容	几何信息粒度等级(LOD)					
			项目建议书阶段	可行性研究阶段	初步设计阶段	施工图设计阶段	施工和竣工阶段	运维阶段
6	地基基础	基础主要构件的几何尺寸、定位信息,如桩型、桩位、桩长、数量及其与底板的连接等	100	200	300	300	400	400
7		基础次要构件的几何尺寸、定位信息,如压密注浆范围等	—	100	300	300	400	400
8		基坑结构整体布置,如形状、深度等	—	200	300	300	400	400
9		基坑主要构件的几何尺寸、定位信息,如地下连续墙、围护桩、支撑、边坡、挡土墙等	—	200	300	300	400	400
10		次要设施设备的几何尺寸、定位信息,如排水沟、排水井等	—	100	200	300	300	400
11	主体结构	结构型式及布置、相对位置、标高、坐标等	100	200	300	300	400	400
12		主要结构构件的控制性几何尺寸、定位信息等	100	200	300	300	400	400
13		次要结构构件的几何尺寸、相对位置、定位信息,如上下游连接结构、防护栏杆、踏步、盖板等	—	200	300	300	400	400
14		分缝止水、进人孔盖板等节点的详细几何尺寸以及构造要求等	—	200	300	300	400	400

续表 C.0.1

<table>
<tr><td rowspan="2">序号</td><td rowspan="2">分类</td><td rowspan="2">几何信息内容</td><td colspan="6">几何信息粒度等级(LOD)</td></tr>
<tr><td>项目建议书阶段</td><td>可行性研究阶段</td><td>初步设计阶段</td><td>施工图设计阶段</td><td>施工和竣工阶段</td><td>运维阶段</td></tr>
<tr><td>15</td><td rowspan="3">防汛道路</td><td>道路平面布置型式、转弯半径、控制定位坐标信息等</td><td>100</td><td>200</td><td>300</td><td>300</td><td>400</td><td>400</td></tr>
<tr><td>16</td><td>路面高程、几何尺寸、路面结构厚度等</td><td>—</td><td>200</td><td>300</td><td>300</td><td>400</td><td>400</td></tr>
<tr><td>17</td><td>路面附属构件的几何尺寸、定位信息等</td><td>—</td><td>200</td><td>300</td><td>300</td><td>400</td><td>400</td></tr>
<tr><td>18</td><td rowspan="2">护面/护脚结构</td><td>结构型式、坡度及布置范围控制坐标等</td><td>100</td><td>200</td><td>300</td><td>300</td><td>400</td><td>400</td></tr>
<tr><td>19</td><td>结构构件的几何尺寸、定位信息等</td><td>—</td><td>200</td><td>300</td><td>300</td><td>400</td><td>400</td></tr>
<tr><td>20</td><td rowspan="2">防渗结构</td><td>水平防渗结构型式、几何尺寸、定位信息，如黏土铺盖、混凝土铺盖、钢筋混凝土铺盖、沥青混凝土铺盖、堤后盖重等</td><td>—</td><td>200</td><td>200</td><td>300</td><td>400</td><td>400</td></tr>
<tr><td>21</td><td>垂直防渗结构型式、几何尺寸、定位信息等，如板桩、齿墙、劈裂帷幕灌浆、置换法防渗、深层搅拌加固、高压喷射灌浆、钢板桩加固防渗、土工膜防渗等</td><td>—</td><td>200</td><td>200</td><td>300</td><td>400</td><td>400</td></tr>
</table>

续表 C.0.1

序号	分类	几何信息内容	几何信息粒度等级(LOD)					
			项目建议书阶段	可行性研究阶段	初步设计阶段	施工图设计阶段	施工和竣工阶段	运维阶段
22	排水结构	排水结构型式、几何尺寸、定位信息等,如排水棱体、排水管、排水沟、排水井等	—	100	200	300	400	400
23		反滤结构型式、几何尺寸、定位信息等,如油毛毡、中粗砂、碎石、土工布等	—	100	200	300	400	400
24	止水	止水型式及布置、几何尺寸、定位信息等	—	100	200	300	300	300
25	钢筋	构件钢筋分布的位置示意	—	—	—	200	300	300
26		连接钢筋的直径、锚固长度等	—	—	200	300	300	300
27		构件的钢筋精细化分布,如钢筋下料及搭接长度等	—	—	—	—	300	400
28		关键性节点的钢筋布置,包括尺寸、构造等信息	—	—	—	—	300	300
29	附属设施	类型、几何尺寸、定位信息、数量等	—	100	300	300	300	300

表 C.0.2 水力机械专业几何信息粒度等级(LOD)

序号	分类	几何信息内容	几何信息粒度等级(LOD)					
			项目建议书阶段	可行性研究阶段	初步设计阶段	施工图设计阶段	施工和竣工阶段	运维阶段
1	主要设备	主泵、齿轮箱、电动机、起重机等的几何尺寸和定位信息	100	200	300	400	400	400
2	次要设备	辅助设备几何尺寸和定位信息	—	100	200	300	400	400
3	进出水流道或管道	几何尺寸和定位信息	100	200	300	400	400	400
4	主阀	几何尺寸和定位信息	100	200	300	400	400	400
5	管道	辅助设备中的管道几何尺寸和定位信息	—	100	200	300	400	400
6	管道支吊架	几何尺寸和定位信息	—	100	200	300	400	400
7	仪器仪表	几何尺寸和定位信息	—	100	200	300	400	400
8	埋件	主次设备埋件的几何尺寸和定位信息	—	100	200	300	400	400

表 C.0.3 金属结构专业几何信息粒度等级(LOD)

序号	分类	几何信息内容	几何信息粒度等级(LOD)					
			项目建议书阶段	可行性研究阶段	初步设计阶段	施工图设计阶段	施工和竣工阶段	运维阶段
1	闸门(标准)	系统的定位信息	100	200	300	400	400	400
2		闸门的总体尺寸等	100	200	300	300	400	400
3		面板及梁系各零件的几何尺寸和装配信息	—	—	—	200	400	400
4		连接装置各零件的几何尺寸和装配信息	—	—	—	200	400	400
5		止水装置各零件的几何尺寸和装配信息	—	—	—	200	400	400
6		支承装置各零件的几何尺寸和装配信息	—	—	—	200	400	400
7		预埋件各零件的几何尺寸和装配信息	—	—	—	200	400	400
8	闸门(非标准)	系统的定位信息	100	200	300	400	400	400
9		闸门的总体尺寸、支承跨度、闸门处底板高程等	100	200	300	400	400	400
10		面板及梁系各零件的几何尺寸和装配信息	—	—	200	400	400	400
11		连接装置各零件的几何尺寸和装配信息	—	—	—	400	400	400
12		止水装置各零件的几何尺寸和装配信息	—	—	—	400	400	400
13		锁定装置各零件的几何尺寸和装配信息	—	—	—	400	400	400

续表 C.0.3

序号	分类	几何信息内容	几何信息粒度等级(LOD)					
			项目建议书阶段	可行性研究阶段	初步设计阶段	施工图设计阶段	施工和竣工阶段	运维阶段
14	闸门(非标准)	支承装置各零件的几何尺寸和装配信息	—	—	300	400	400	400
15		行走装置各零件的几何尺寸和装配信息	—	—	300	400	400	400
16		预埋件各零件的几何尺寸和装配信息	—	—	—	400	400	400
17	启闭设备(标准)	系统的定位信息	100	200	300	400	400	400
18		外壳的几何尺寸和装配信息	—	—	100	100	200	200
19		连接装置的几何尺寸和定位信息	—	—	—	100	200	200
20		动力装置的几何尺寸和定位信息	—	—	—	100	200	200
21		预埋件的几何尺寸和定位信息	—	—	—	—	400	400
22	启闭设备(非标准)	系统的定位信息	100	200	300	400	400	400
23		启闭设备的总体尺寸	100	200	300	400	400	400
24		外壳的几何尺寸和装配信息	—	—	200	400	400	400
25		动力装置的几何尺寸和装配信息	—	—	200	400	400	400
26		传动装置的几何尺寸和装配信息	—	—	200	400	400	400
27		制动装置的几何尺寸和装配信息	—	—	—	400	400	400
28		连接装置的几何尺寸和装配信息	—	—	200	400	400	400

续表 C.0.3

序号	分类	几何信息内容	几何信息粒度等级(LOD)					
			项目建议书阶段	可行性研究阶段	初步设计阶段	施工图设计阶段	施工和竣工阶段	运维阶段
29	启闭设备(非标准)	支承行走装置的几何尺寸和装配信息	—	—	200	400	400	400
30		预埋件各零件的几何尺寸和定位信息	—	—	—	400	400	400
31	拦污栅	系统的定位信息	100	200	200	400	400	400
32		拦污栅的总体尺寸	100	200	300	400	400	400
33		栅叶的几何尺寸和装配信息	—	—	200	400	400	400
34		栅槽埋件的几何尺寸和装配信息	—	—	300	400	400	400
35	清污机	系统的定位信息	100	200	200	400	400	400
36		清污机的总体尺寸	100	200	300	400	400	400
37		外壳的几何尺寸和定位信息	—	—	100	100	200	200
38		预埋件的几何尺寸和定位信息	—	—	—	—	400	400
39		附属系统的几何尺寸和定位信息	—	—	—	100	200	200

表 C.0.4　电气专业几何信息粒度等级(LOD)

序号	分类	几何信息内容	几何信息粒度等级(LOD)					
			项目建议书阶段	可行性研究阶段	初步设计阶段	施工图设计阶段	施工和竣工阶段	运维阶段
1	主要设备	发电机、变压器、变配电柜等的几何尺寸和定位信息	—	—	300	300	400	500
2	次要设备	照明、安防、通信等设备几何尺寸和定位信息	—	—	—	300	400	500
3	电缆	几何尺寸和定位信息	—	—	—	300	400	500
4	桥架、电缆(井)	几何尺寸和定位信息	—	—	300	300	400	500
5	桥架支架	几何尺寸和定位信息	—	—	—	300	400	500
6	埋管	几何尺寸和定位信息	—	—	—	300	400	500
7	仪表	几何尺寸和定位信息	—	—	—	300	400	500
8	埋件	主次设备埋件的几何尺寸和定位信息	—	—	—	300	400	500

附录D 水利工程信息模型非几何信息粒度等级表

D.0.1 非几何信息分为通用属性信息和专项属性信息。其中，通用属性信息包括项目通用属性信息和机电通用属性信息；专项属性信息包括水工结构、水力机械、金属结构及电气专项属性信息。

项目通用属性信息粒度等级详见表D.0.1-1，机电通用属性信息粒度等级详见表D.0.1-9；水工结构专项属性信息粒度等级详见表D.0.1-2～表D.0.1-8；水力机械、金属结构及电气专项属性信息等级粒度详见表D.0.1-10～表D.0.1-37。随着工程阶段的推进，从LOD100～LOD500过程中，非几何信息应为继承关系，必要时根据应用目标可剔除冗余信息。

表D.0.1-1 项目通用属性信息粒度等级

序号	主类	子类	单位示例或属性说明	LOD
1	项目基本信息	工程名称		100
2		工程建设地点		100
3		主体结构功能及规模	如挡水、泄水、取水、输水建筑物等	100
4		建设阶段		100
5		工程等别及建筑物级别	如Ⅰ、Ⅱ、Ⅲ、Ⅳ、Ⅴ等，1、2、3、4、5级	100
6		洪(潮)水标准	如百年一遇、五十年一遇	100
7		主体结构设计使用年限		100
8		抗震设防烈度	如6度、7度等	100
9		建设依据		100
10	参与方基本信息	信息模型参与方		400
11		建设参与方		400
12	权属管理信息	资产权属单位		500
13		运行管理部门		500
14		信息模型权属单位		500

表 D.0.1-2 水工结构专项属性信息粒度等级——地基基础数据

序号	属性名称	单位示例或属性说明	LOD
1	主要技术经济指标	如设计安全等级、结构设计使用年限、基坑等级等	100
2	水位工况及其组合	特征水位、设计水位组合等	100
3	主要结构体系荷载信息	kN,kN/m	100
4	结构方案信息	如底板型式(直线形或折线形、有无齿坎)、基础类型(桩基础或地基处理)、基坑支护结构、基坑开挖方案、基坑排水方案等	100
5	结构耐久性信息		100
6	技术参数	如混凝土等级、桩的力学性能、材质等	100
7	工艺信息	如工艺要求、构造要求、施工组织信息等	100
8	工作参数	如构件使用环境(环境分类)、腐蚀情况(海水或淡水对钢材腐蚀)等	100
9	采购信息	如构件材料分类统计、施工材料统计信息等	400
10	供应信息	如预制桩生产厂商、材料供应商(碎石、中粗砂等)、材料产地等	400
11	建设信息	如建设单位、设计单位、施工单位、监理单位等	400
12	保(维)修信息	如施工(安装)时间、移交时间、设计使用寿命、保修期、维修周期(大修)等	500
13	监测信息	如无损检测、沉降位移观测、土压、液压、渗压、水位、钢筋应力应变监测等	500

表 D.0.1-3 水工结构专项属性信息粒度等级——混凝土结构数据

序号	属性名称	单位示例或属性说明	LOD
1	结构基本信息	如抗震设防类别、设计使用年限、建筑物级别、结构重要性系数等	100
2	水位工况及其组合	特征水位、设计水位组合等	100
3	结构体系荷载信息	如上部荷载、水压力、扬压力、地应力、土压力、浪压力、风荷载、设备荷载等	100
4	结构耐久性信息	如防水、防腐、混凝土耐久性等信息	100
5	技术参数	如混凝土强度等级、材质、力学性能、料场等	100
6	工艺信息	如工艺要求、构造要求、施工组织信息等	100
7	工作参数	如构件使用环境(环境分类)、腐蚀情况(海水或淡水对钢材腐蚀)、闸门运行管理规定等	100
8	采购信息	如构件材料分类统计、施工材料统计信息等	400
9	附件信息	钢结构零部件的规格、安装、替换等信息	400
10	供应信息	如混凝土生产厂商,材料供应商(土工布、钢筋、中粗砂等)等	400
11	保(维)修信息	如施工(安装)时间、移交时间、设计使用寿命、保修期、维修周期(大修)等	500
12	检测信息	如强度检测、静力触探、高应变、低应变检测等	500
13	监测信息	如沉降位移观测、土压、渗压、水位、钢筋应力应变监测等	500

表 D.0.1-4　水工结构专项属性信息粒度等级——护面/护脚结构数据

序号	属性名称	单位示例或属性说明	LOD
1	基础信息	如波浪要素等	100
2	水位工况及其组合	特征水位、设计水位组合等	100
3	结构耐久性信息	如防水、防腐、混凝土耐久性等	100
4	技术参数	如强度等级、材质、力学性能、料场等	100
5	工艺信息	如工艺要求、构造要求、施工组织信息等	100
6	采购信息	如构件材料分类统计、施工材料统计信息等	400
7	供应信息	如混凝土生产厂商、材料供应商(土工布、钢筋、中粗砂等)等	400
8	保(维)修信息	如施工(安装)时间、移交时间、设计使用寿命、保修期、维修周期(大修)等	500
9	检测信息	如强度检测等	500

表 D.0.1-5　水工结构专项属性信息粒度等级——排水结构数据

序号	属性名称	单位示例或属性说明	LOD
1	基础信息	如排水标准等	100
2	水位工况及其组合	特征水位、设计水位组合等	100
3	技术参数	如规格型号、工作性能、主要材料等	100
4	工艺信息	如工艺要求、构造要求、施工组织信息等	100
5	采购信息	如设备、材料采购数量和价格等	400
6	供应信息	如生产厂商、供应商、出厂编号、产地等	400
7	保(维)修信息	如施工(安装)时间、移交时间、设计使用寿命、保修期、维修周期(大修)等	400

表 D.0.1-6 水工结构专项属性信息粒度等级——防渗结构数据

序号	属性名称	单位示例或属性说明	LOD
1	基础信息	如上下游水位差、渗透土体物理力学参数、抗渗等级、允许水力坡降等	100
2	水位工况及其组合	特征水位、设计水位组合等	100
3	结构耐久性信息	抗震、防水、混凝土耐久性、钢板桩防腐及耐久性等	100
4	技术参数	如混凝土强度等级、材质和力学性能、物理化学组成和配比值等	100
5	工艺信息	如工艺要求、构造要求(与主体结构连接)、施工组织信息等	100
6	工作参数	如构件使用环境(环境分类)、腐蚀情况(海水或淡水对钢材腐蚀)、渗透变形等	100
7	采购信息	如构件材料分类统计、施工材料统计信息等	400
8	供应信息	如混凝土生产厂商(商品混凝土)、钢板桩供应商、材料产地等	400
9	建设信息	如建设单位、设计单位、施工单位、监理单位等	400
10	保(维)修信息	如施工(安装)时间、移交时间、设计使用寿命、保修期、维修周期(大修)等	500
11	监测信息	如渗压监测等	500

表 D.0.1-7 水工结构专项属性信息粒度等级——防汛道路结构数据

序号	属性名称	单位示例或属性说明	LOD
1	基本信息	如设计速度、设计年限等	100
2	水位工况及其组合	特征水位、设计水位组合等	100
3	荷载信息	如车辆荷载、人群荷载等	100
4	技术参数	如强度等级、材质、力学性能、料场等	100
5	工艺信息	如工艺要求、构造要求、施工组织信息等	100
6	采购信息	如构件材料分类统计、施工材料统计信息等	400
7	供应信息	如混凝土生产厂商，材料供应商（碎石、中粗砂等）等	400
8	保（维）修信息	如施工（安装）时间、移交时间、设计使用寿命、养护要求、保修期、维修周期（大修）等	500
9	检测信息	如强度检测、弯沉值、压实度等	500
10	监测信息	如沉降观测等	500

表 D.0.1-8 水工结构专项属性信息粒度等级——附属设施结构数据

序号	属性名称	单位示例或属性说明	LOD
1	结构耐久性信息	如防水、防腐等	100
2	技术参数	如材质、力学性能等	100
3	工艺信息	如产品安装要求等	100
4	采购信息	如构件、材料、产品分类统计等	400
5	供应信息	如构件、材料、产品供应商等	400
6	保（维）修信息	如施工（安装）时间、移交时间、设计使用寿命、保修期、维修周期（大修）等	400

表 D.0.1-9 机电(水力机械、金属结构、电气)通用属性信息粒度等级

序号	主类	子类	分项	单位示例或属性说明	LOD
1	标识	编码	功能编码		300
2			名称		300
3			描述		200
4			物资编码	由业主方或总承包方确定	500
5		分类	分类	如 AP	200
6			类型	如离心式	200
7			用途		200
8		安装	安装代码和名称		400
9			安装种类		400
10			地理位置		400
11			安装位置		400
12	设计	厂家	制造方		400
13			供应方		400
14			型号		400
15			产品编号	厂方提供的唯一产品编号	400
16			检验机构		400
17			检验证书		400
18			存储环境		400
19			维修周期		400
20		设计	外形尺寸	mm 等,$L \times W \times H$ 或 $R \times H$	300
21			水位工况及其组合	m	300
22			空载重量	kg 等	300
23			承载重量	kg 等	300
24			关联编码	直接连接设备/部件编码	300
25			关联图纸与文件		300
26			寿命		400

续表 D.0.1-9

序号	主类	子类	分项	单位示例或属性说明	LOD
27	应用	运行	冗余	如几运几备	500
28			工作方式		500
29		时间	安装调试时间		500
30			监测周期		500
31			监测周期累计运行时间		500
32			监测周期中指令次数		500
33		环境	外部环境要求		400
34			内部环境要求		400
35	备注	附加信息		如数据源等	500

表 D.0.1-10　水力机械专项属性信息粒度等级——水泵数据

序号	属性名称	单位示例或属性说明	LOD
1	流量	m^3/s	200
2	扬程	m	200
3	轴功率	kW	200
4	必须汽蚀余量	m	200
5	最小淹没深度	m	200
6	叶轮直径	mm	200
7	叶片安装角度	°	200
8	转速	r/min	200
9	旋转方向	顺时针/逆时针	200
10	泵出口直径	mm	200
11	泵进口直径	mm	200
12	泵体设计压力	MPa 等	200
13	泵体试验压力	MPa 等	200

续表 D. 0. 1-10

序号	属性名称	单位示例或属性说明	LOD
14	输送介质	m	200
15	介质密度	kg/m³	200
16	介质温度	℃等	200

表 D. 0. 1-11　水力机械专项属性信息粒度等级——电动机数据

序号	属性名称	单位示例或属性说明	LOD
1	额定功率	kW	200
2	额定电压	kV	200
3	额定转速	r/min	200
4	额定频率	Hz	200
5	极数		200
6	相数		200
7	额定功率因数		200
8	额定效率	%	200
9	堵转电流	A	200
10	空载电流		200
11	堵转转矩倍数		200
12	最大转矩倍数		200
13	最小转矩倍数		200
14	接线方式		200
15	励磁方式		200
16	额定励磁电压	V	200
17	额定励磁电流	A	200
18	冷却方式		200
19	安装方式		200

表 D.0.1-12 水力机械专项属性信息粒度等级——齿轮箱数据

序号	属性名称	单位示例或属性说明	LOD
1	额定功率	kW	200
2	输入转速	r/min	200
3	输出转速	r/min	200
4	名义转动比		200
5	热容量	kW	200
6	启动扭矩		200
7	冷却方式		200

表 D.0.1-13 水力机械专项属性信息粒度等级——阀门、风阀(包含自动、手动执行机构)数据

序号	属性名称	单位示例或属性说明	LOD
1	设计压力	MPa	300
2	设计温度	℃	300
3	阀门等级		300
4	公称通径	DN(mm)	300
5	接口形式		300
6	开启方式		300
7	阀体材料		400
8	阀芯材料		400
9	密封方式		400
10	执行机构分类	电动、气动、液动	400
11	输出位移型式	主要包括多回转、角行程、直行程等	400
12	结构型式		400
13	控制模式		400
14	控制信号		400
15	反馈信号		400
16	动力电源条件		400

续表 D.0.1-13

序号	属性名称	单位示例或属性说明	LOD
17	功率		400
18	输出转矩(输出推力)		400
19	行程(输出角度)		400
20	转速		400
21	行程时间		400
22	防护等级		400
23	防爆等级		400
24	附件	主要包括定位器、电磁阀、空气过滤减压阀、保位阀、阀位变送器、行程开关等	400

表 D.0.1-14 水力机械专项属性信息粒度等级——起重设备数据

序号	属性名称	单位示例或属性说明	LOD
1	起重量	t	200
2	跨距	m	200
3	工作制		400
4	起升速度	m/min	400
5	大车速度	m/min	400
6	小车速度	m/min	400
7	最大轮压	kN	400
8	整车功率	kW	400
9	供电电压	V	400
10	操作方式		400
11	轨道型号		400

表 D.0.1-15　水力机械专项属性信息粒度等级——空压机、风机、真空泵数据

序号	属性名称	单位示例或属性说明	LOD
1	型式		100
2	排气量	Nm^3/min 等	100
3	进气压力	MPa(a)等	300
4	环境温度	℃等	300
5	排气压力	MPa(a)等	300
6	排气温度	℃等	300
7	轴功率	kW	400
8	比功率	Nm^3/kW	400
9	机组噪声	dB(A)	400
10	机组振动	μm	400
11	进口最大压力	MPa 等	400
12	进口最小压力	MPa 等	400
13	出口压力	MPa 等	400

表 D.0.1-16　水力机械专项属性信息粒度等级——滤水器数据

序号	属性名称	单位示例或属性说明	LOD
1	流量	kg/s 等	100
2	最大工作压力	MPa 等	100
3	滤芯直径	mm 等	400
4	滤芯目数		400
5	滤芯材质		400
6	运行阻力	MPa 等	400
7	进口直径	mm	400
8	出口直径	mm	400
9	排污管直径	mm	400

表 D.0.1-17　水力机械专项属性信息粒度等级——储气罐数据

序号	属性名称	单位示例或属性说明	LOD
1	容积	m^3等	100
2	最大工作压力	MPa 等	100
3	最小工作压力	MPa 等	400
4	额定工作压力	MPa 等	400
5	材质		400
6	进气口管径	mm	400
7	出气口管径	mm	400
8	排污管管径	mm	400

表 D.0.1-18　水力机械专项属性信息粒度等级——储存设备（水池、水箱、储油罐等）数据

序号	属性名称	单位示例或属性说明	LOD
1	存储介质		100
2	有效容积（正常水位到低水位）	m^3	100
3	最大容积（正常水位到排水口）	m^3	300
4	材质		400
5	进液口管径	mm	400
6	出液口管径	mm	400
7	排污口管径	mm	400
8	最高运行液位	m	400
9	最低运行液位	m	400

表 D.0.1-19 水力机械专项属性信息粒度等级——仪表数据

序号	属性名称	单位示例或属性说明	LOD
1	型式及规范		300
2	测量原理	简述	300
3	测量介质		300
4	量程及单位		300
5	设定值	模拟量按需填写	300
6	精确度		300
7	输出信号		300
8	电源		300
9	接口规格及单位	包括电气及过程接口	300
10	材质	根据仪表结构特性，按需分类填写，例如材质、保护管材质等	400
11	防护等级		400
12	防爆等级		400
13	防腐、隔离		400
14	仪表附件	根据仪表特性，按需填写，例如配供安装管座、安装支架等	400
15	安装形式		400

表 D.0.1-20 水力机械专项属性信息粒度等级——水管、风管、油管数据

序号	属性名称	单位示例或属性说明	LOD
1	管径	mm	300
2	输送介质		300
3	压力	MPa 等	300
4	材质		300
5	防腐		300
6	壁厚	mm	300
7	连接方式		300

表 D.0.1-21　水力机械专项属性信息粒度等级——换热器数据

序号	属性名称	单位示例或属性说明	LOD
1	换热量	mm	100
2	换热面积	m^2	400
3	一次侧水温	℃ 等	400
4	一次侧承压	MPa 等	400
5	一次侧进出水管径	mm	400
6	二次侧水温	℃等	400
7	二次侧承压	MPa 等	400
8	二次侧进出水管径	mm	400

表 D.0.1-22　水力机械专项属性信息粒度等级——除湿机数据

序号	属性名称	单位示例或属性说明	LOD
1	除湿量	mm	100
2	水箱容积	m^3	400
3	排水管径	mm	400
4	噪声	dB(A)	400
5	除湿面积	m^2	400
6	控制方式	mm	400
7	电压	V	300
8	功率	kW	300

表 D.0.1-23　金属结构专项属性信息粒度等级——闸门数据

序号	属性名称	单位示例或属性说明	LOD
1	吊点中心距	m	100
2	最大水平压力	kN	100
3	设计水位组合	m/m	100
4	闸门各零件材料及要求		400
5	闸门及预埋件防腐处理要求		200
6	闸门重量	t 或 kg	100

表 D.0.1-24 金属结构专项属性信息粒度等级——卷扬启闭机数据

序号	属性名称	单位示例或属性说明	LOD
1	吊点数	单吊点或双吊点	100
2	启闭力	kN	100
3	扬程	m	100
4	启闭速度	m/min	100
5	吊点中心矩	m	100
6	最大缠绕层数	层	100

表 D.0.1-25 金属结构专项属性信息粒度等级——液压启闭机数据

序号	属性名称	单位示例或属性说明	LOD
1	吊点数	单吊点或双吊点	100
2	液压缸结构型式	Ⅰ柱塞式，Ⅱ活塞式	100
3	启门力	kN	100
4	最大/最小闭门力	kN	100
5	工作行程	m	100
6	启门速度	m/min	100
7	工作压力	MPa	100
8	持住/启门压力	MPa	100
9	吊点中心距	m	100

表 D.0.1-26 金属结构专项属性信息粒度等级——螺杆启闭机数据

序号	属性名称	单位示例或属性说明	LOD
1	吊点数	单吊点或双吊点	100
2	驱动方式	手动、手电两用和电动	100
3	启门力	kN	100
4	闭门力	kN	100
5	启闭扬程	m	100
6	启闭速度	m/min（电动）	100
7	吊点中心距	m	100

表 D.0.1-27　金属结构专项属性信息粒度等级——其他启闭设备数据

序号	属性名称	单位示例或属性说明	LOD
1	启门力	kN	100
2	启闭扬程	m	100
3	启闭速度	m/min	100
4	吊点中心矩	m	100

表 D.0.1-28　金属结构专项属性信息粒度等级——拦污设备数据

序号	属性名称	单位示例或属性说明	LOD
1	齿耙宽度	mm	400
2	耙斗容积	m^3（耙斗式清污机）	400
3	过滤净距	mm（耙斗式清污机为耙齿净距，回转齿耙式为栅条净距，拦污栅为栅条净距）	100
4	安装倾角	°	100
5	工作速度	m/min（耙斗式清污机为耙斗提升速度，回转齿耙式为齿耙回转速度）	400

表 D.0.1-29　电气专项属性信息粒度等级——电机组数据

序号	属性名称	单位示例或属性说明	LOD
1	额定容量	kVA	200
2	额定功率	kW	200
3	额定电压	kV	200
4	额定转速	r/min	200
5	额定频率	Hz	200
6	极数		300
7	相数		200

续表 D.0.1-29

序号	属性名称	单位示例或属性说明	LOD
8	额定功率因数		300
9	直轴超瞬态电抗(饱和值)	Xd″(标幺值)	300
10	短路比		300
11	效率	%	300
12	定子绕组冷却方式		300
13	转子绕组冷却方式		300
14	定子铁芯冷却方式		300
15	定子绕组接线方式		300
16	励磁方式		300
17	额定励磁电压	V	400
18	额定励磁电流	A	400
19	励磁系统定子电压	V	400
20	励磁系统定子电流	A	400
21	定子电流允许持续时间	s	400
22	励磁调节器型号		400
23	整流元件的额定电流	A	400
24	励磁变型号	自并励静止励磁系统	400
25	励磁变变比		400

表 D.0.1-30　电气专项属性信息粒度等级——接线盒和电缆母线贯穿件/电气设备上的接线盒和电缆穿孔数据

序号	属性名称	单位示例或属性说明	LOD
1	额定电压	V/kV	300
2	额定电流	A	300
3	额定短时耐受电流,时间	kA,s	400
4	额定峰值耐受电流	kA	400
5	工频耐压	kV	300
6	雷电冲击耐压	kV,峰值	300
7	爬电距离	mm,穿墙套管专用属性	400
8	绝缘型式及绝缘材料		400
9	外壳防护等级	IPXX	400
10	外壳材质		400
11	外壳型式及规格		400
12	导体材质		400
13	导体型式及规格		400
14	电缆外径	mm	400
15	电缆截面积	mm^2	400
16	电缆头型号		400

表 D.0.1-31　电气专项属性信息粒度等级——根据工艺系统所划分的电气安装设备数据

序号	属性名称	单位示例或属性说明	LOD
1	额定电压	V/kV	300
2	额定电流	A	300
3	额定绝缘电压	kV	400
4	冲击耐压	kV	400
5	额定短时耐受电流,时间	kA,s	400

续表 D.0.1-31

序号	属性名称	单位示例或属性说明	LOD
6	额定峰值耐受电流	kA	400
7	母线型式及规格		400
8	母线材质		400
9	安装型式		400
10	板材厚度	mm	400
11	表面颜色		400

表 D.0.1-32 电气专项属性信息粒度等级
——直流电源设备、蓄电池数据

序号	属性名称	单位示例或属性说明	LOD
1	直流标称电压	V	300
2	蓄电池类型		300
3	蓄电池组额定容量	AH	300
4	单体电池额定电压	V	400
5	单体电池浮充电压	V	400
6	单体电池均衡充电电压	V	400
7	蓄电池单体外形尺寸		400
8	单组电池数量		400
9	充电装置类型		400
10	充电装置交流输入电压	V	400
11	充电装置额定输出电压	V	400
12	充电装置额定电流	A	400

表 D.0.1-33　电气专项属性信息粒度等级

——没有采用工艺设备码标识的开关设备数据

序号	属性名称	单位示例或属性说明	LOD
1	额定电压	V/kV	300
2	额定电流	A	300
3	额定短时耐受电流，时间	kA，s	400
4	额定峰值耐受电流	kA	400
5	额定短路开断电流	kA	400
6	工频耐压	kV	400
7	雷电冲击耐压	kV	400
8	操作冲击耐压	kV	400
9	机械寿命	次	400
10	电气寿命	次	400
11	操动机构型式		400
12	母线型式及规格		400
13	母线材质		400
14	安装型式		400
15	板材厚度	mm	400
16	表面颜色		400

表 D.0.1-34　电气专项属性信息粒度等级

——变压器、电压互感器、电流互感器数据

序号	属性名称	单位示例或属性说明	LOD
1	额定电压	kV	300
2	工频耐压	kV	300
3	雷电冲击耐压	kV	300
4	操作冲击耐压	kV	300
5	额定容量	VA/kVA	300
6	相数		300

续表 D.0.1-34

序号	属性名称	单位示例或属性说明	LOD
7	联结组标号		300
8	额定电压比		300
9	调压方式及分接范围		300
10	冷却方式		300
11	绕组温升限值	K(开尔文)	400
12	顶层油温升限值	K(开尔文)	400
13	短路阻抗	%	400
14	空载损耗	kW/kvar	400
15	负载损耗	kW/kvar	400
16	绕组导体材料		400
17	绕组外绝缘介质		400
18	铁芯结构型式		400
19	储油柜结构(油保护系统)		400
20	准确级		400
21	额定二次负荷	VA	400
22	额定电流比		400

表 D.0.1-35 电气专项属性信息粒度等级——逆变器设备、整流器、UPS 数据

序号	属性名称	单位示例或属性说明	LOD
1	额定输入电压	V	300
2	额定输入电流	A	300
3	额定输入频率	Hz	300
4	额定输出电压	V	300
5	额定输出电流	A	300
6	额定输出频率	Hz	300
7	交流输出相数		300

续表 D. 0. 1-35

序号	属性名称	单位示例或属性说明	LOD
8	额定容量	kVA	300
9	效率	%	300
10	额定损耗	kW	400
11	冷却方式		400
12	直流旁路输入电压	V	400
13	直流旁路输入电流	A	400
14	交流旁路输入电压	V	400
15	交流旁路输入电流	A	400
16	旁路切换时间	ms	400

表 D. 0. 1-36 电气专项属性信息粒度等级
——构筑物接地和防雷保护设备、避雷器数据

序号	属性名称	单位示例或属性说明	LOD
1	额定电压	V/kV	300
2	持续运行电压	V/kV	300
3	标称放电电流	kA	300
4	直流 1mA 参考电压	kV	400
5	陡波冲击电流残压(峰值)	kV	400
6	雷电冲击电流残压(峰值)	kV	400
7	操作冲击电流残压(峰值)	kV	400
8	接地体材质		400
9	主接地体型式及规格		400
10	接地极材质		400
11	接地极型式及规格		400

表 D.0.1-37 电气专项属性信息粒度等级——电动机数据

序号	属性名称	单位示例或属性说明	LOD
1	额定功率	kW	300
2	额定电压	V/kV	300
3	额定电流	A	300
4	极数		300
5	额定转速	r/min	300
6	额定功率因数		300
7	效率	%	400
8	启动电流	A	400
9	启动时间	s	400
10	堵转电流	A	400
11	额定转矩	N·m	400
12	堵转转矩	N·m	400
13	最大转矩	N·m	400
14	电动机类别		400
15	转向(从主轴伸端看)		400
16	安装方式	立式、卧式	400
17	绕组接线方式		400
18	冷却方式		400
19	防护等级	IP XX	400

附录 E 水利工程信息模型数据编码表

表 E.0.1 水利工程分类编码(以功能分建筑物)索引

功能分类编码	名称		
10-90.00.00.00	水工建筑物		
10-90.10.00.00		挡水建筑物	
10-90.10.10.00			坝
10-90.10.20.00			堤防/河道
10-90.10.30.00			圈围(促淤坝、海堤)
10-90.10.40.00			旱闸
10-90.20.00.00		泄/排水建筑物	
10-90.20.10.00			排水闸
10-90.20.20.00			排水泵站
10-90.20.30.00			引排双向水闸
10-90.20.40.00			引排双向泵站
10-90.20.50.00			溢流坝
10-90.20.60.00			坝身泄水孔
10-90.20.70.00			泄水隧洞
10-90.20.80.00			岸边溢洪道
10-90.30.00.00		输水建筑物	
10-90.30.10.00			引水隧洞
10-90.30.20.00			输水涵洞
10-90.30.30.00			引水涵管
10-90.30.40.00			压力管道
10-90.30.50.00			渠道

续表 E.0.1

功能分类编码	名称		
10-90.30.60.00			渡槽
10-90.30.70.00			倒虹吸
10-90.40.00.00		取(进)水建筑物	
10-90.40.10.00			灌溉渠道
10-90.40.20.00			进水闸(引水闸)
10-90.40.30.00			取水泵站(引水泵站)
10-90.40.40.00			进水口
10-90.50.00.00		河道整治建筑物	
10-90.50.10.00			护岸
10-90.50.20.00			丁坝
10-90.50.30.00			顺坝
10-90.50.40.00			潜坝
10-90.50.50.00			导流堤
10-90.50.60.00			防波堤
10-90.60.00.00		专门性建筑物	
10-90.60.10.00			船闸
10-90.60.20.00			码头
10-90.60.30.00			过鱼建筑物
10-90.60.40.00			沉砂池
10-90.60.50.00			冲沙闸
10-90.60.60.00			水文设施
10-90.60.70.00			桥梁

表 E.0.2　水利工程位置对象分类编码(以功能分建筑空间)索引

空间分类编码	名称		
12-90.00.00.00	水工建筑物		
12-90.10.00.00		水闸	
12-90.10.10.00			上游连接段	
12-90.10.10.05				防冲槽
12-90.10.10.10				铺盖
12-90.10.10.15				上游消力池
12-90.10.10.20				护坡
12-90.10.10.25				翼墙
12-90.10.15.00			闸室	
12-90.10.15.05				底板
12-90.10.15.10				闸墩
12-90.10.15.15				胸墙
12-90.10.20.00			下游连接段	
12-90.10.20.05				下游消力池
12-90.10.20.10				海漫
12-90.10.20.15				防冲槽
12-90.10.20.20				护坡
12-90.10.20.25				翼墙
12-90.10.25.00			桥梁设施	
12-90.10.25.05				交通桥
12-90.10.25.10				工作桥
12-90.10.25.15				检修桥
12-90.10.30.00			管理房	
12-90.10.30.05				配电室
12-90.10.30.10				主变室
12-90.10.30.15				控制室

续表 E.0.2

功能分类编码	名称			
12-90.10.30.20				值班宿舍及文化福利建筑
12-90.10.30.25				办公室
12-90.10.30.30				会议室
12-90.10.30.35				仓库
12-90.10.35.00			室外工程	
12-90.10.35.05				对外交通
12-90.10.35.10				场区道路
12-90.10.35.15				场区绿化
12-90.10.35.20				其他设施
12-90.20.00.00		泵站		
12-90.20.10.00			上游连接段	
12-90.20.10.05				防冲槽
12-90.20.10.10				护底
12-90.20.10.15				护坡
12-90.20.10.20				翼墙
12-90.20.15.00			进水前池	
12-90.20.20.00			进水池	
12-90.20.25.00			站身	
12-90.20.30.00			出水池	
12-90.20.35.00			下游连接段	
12-90.20.35.05				翼墙
12-90.20.35.10				护底
12-90.20.35.15				护坡
12-90.20.35.20				防冲槽
12-90.20.40.00			交通桥	
12-90.20.45.00			拦污栅桥	

续表 E.0.2

功能分类编码	名称			
12-90.20.50.00			主厂房	
12-90.20.50.05				主泵房
12-90.20.50.10				安装间
12-90.20.50.15				辅机房
12-90.20.50.20				中控室
12-90.20.55.00			副厂房	
12-90.20.55.05				高压配电室
12-90.20.55.10				低压配电室
12-90.20.55.15				主变室
12-90.20.55.20				电气试验室
12-90.20.55.25				电容器室
12-90.20.55.30				二次设备室
12-90.20.55.35				通信间
12-90.20.55.40				通讯间
12-90.20.55.45				二次屏室
12-90.20.60.00			管理房	
12-90.20.60.05				值班宿舍及文化福利建筑
12-90.20.60.10				办公室
12-90.20.60.15				会议室
12-90.20.60.20				仓库
12-90.20.65.00			室外工程	
12-90.20.65.05				对外交通
12-90.20.65.10				场区道路
12-90.20.65.15				场区绿化
12-90.20.65.20				其他设施
12-90.30.00.00		堤防/河道		

续表 E.0.2

功能分类编码	名称			
12-90.30.10.00			堤基	
12-90.30.15.00			堤身	
12-90.30.20.00			挡土墙	
12-90.30.25.00			护坡	
12-90.30.30.00			护脚	
12-90.30.35.00			护底	
12-90.30.40.00			附属设施	
12-90.30.40.05				排水沟
12-90.30.40.10				照明设施
12-90.30.45.00			防汛道路	
12-90.40.00.00		圈围(促淤坝、海堤)		
12-90.40.10.00			堤基	
12-90.40.15.00			堤身	
12-90.40.20.00			挡墙	
12-90.40.25.00			内护坡	
12-90.40.30.00			外护坡	
12-90.40.35.00			护脚	
12-90.40.40.00			护底(滩)	
12-90.40.45.00			龙口	
12-90.40.50.00			纳潮口	
12-90.40.55.00			围内吹填	
12-90.40.60.00			防汛道路	
12-90.50.00.00		监测设施		
12-90.60.00.00		水文设施		

表 E.0.3 水工结构元素分类编码(元素)索引

元素分类编码	名称			
14-91.00.00.00	水工结构			
14-91.03.00.00		地基基础		
14-91.03.03.00			土石方	
14-91.03.03.03				土石方开挖
14-91.03.03.06				土石方回填
14-91.03.03.09				水泥土回填
14-91.03.03.12				素混凝土回填
14-91.03.03.15				碎石间隔土回填
14-91.03.06.00			地基处理	
14-91.03.06.03				换填
14-91.03.06.06				预压(塑料排水板)
14-91.03.06.09				压实和夯实
14-91.03.06.12				复合地基
14-91.03.06.15				注浆加固
14-91.03.06.18				微型桩加固(树根桩)
14-91.03.06.21				锚杆静压桩
14-91.03.06.24				沉降控制复合桩基
14-91.03.09.00			桩	
14-91.03.09.03				预制混凝土桩(预应力、非预应力)
14-91.03.09.06				钢桩(钢管桩、H 型钢)
14-91.03.09.09				灌注桩
14-91.03.09.12				沉井
14-91.03.12.00			边坡支护	
14-91.03.12.03				土工格栅
14-91.03.12.06				喷锚

续表 E.0.3

功能分类编码	名称			
14-91.03.12.09				锚杆
14-91.03.12.12				锚索
14-91.03.12.15				混凝土护面
14-91.03.12.18				砌体
14-91.03.12.21				砂浆
14-91.03.15.00			基坑围护	
14-91.03.15.03				复合土钉
14-91.03.15.06				水泥土重力式围护墙
14-91.03.15.09				板式支护（板桩、地下连续墙、灌注桩排桩、型钢水泥土搅拌墙）
14-91.03.15.12				支撑（钢筋混凝土支撑、钢支撑）
14-91.03.15.15				土层锚杆
14-91.03.15.18				冠梁
14-91.03.15.21				围檩
14-91.03.15.24				防渗帷幕
14-91.03.15.27				格构柱
14-91.03.15.30				立柱桩
14-91.03.15.33				栈桥
14-91.03.15.36				柔性防护网
14-91.03.15.39				回填混凝土
14-91.03.18.00			基础垫层	
14-91.03.18.03				混凝土垫层
14-91.03.18.06				卵石垫层
14-91.03.18.09				碎石垫层

续表 E.0.3

功能分类编码	名称			
14-91.03.18.12				中粗砂
14-91.03.18.15				石渣垫层
14-91.03.18.18				石灰土
14-91.06.00.00		泵闸混凝土结构		
14-91.06.03.00			底板	
14-91.06.06.00			墩墙	
14-91.06.06.03				边墩
14-91.06.06.06				中墩
14-91.06.06.09				支墩
14-91.06.06.12				隔墩
14-91.06.09.00			胸墙	
14-91.06.12.00			梁	
14-91.06.15.00			板	
14-91.06.18.00			柱	
14-91.06.21.00			墙身	
14-91.06.24.00			牛腿	
14-91.06.27.00			楼梯	
14-91.06.27.03				梯梁
14-91.06.27.06				梯板
14-91.06.27.09				梯柱
14-91.06.27.12				平台板
14-91.06.27.15				踏步
14-91.06.30.00			流道	
14-91.06.30.03				进水流道
14-91.06.30.06				出水流道

续表 E.0.3

功能分类编码	名称			
14-91.06.33.00			集水井	
14-91.06.36.00			空箱	
14-91.06.39.00			电缆沟	
14-91.06.42.00			压顶	
14-91.06.45.00			箱涵	
14-91.06.48.00			埋件及吊环	
14-91.09.00.00		结构缝		
14-91.09.03.00			填缝材料	
14-91.09.06.00			止水	
14-91.12.00.00		水工钢结构		
14-91.12.03.00			梁	
14-91.12.06.00			板	
14-91.12.09.00			柱	
14-91.12.12.00			牛腿	
14-91.12.15.00			楼梯	
14-91.12.18.00			连接附件	
14-91.12.21.00			埋件	
14-91.12.24.00			埋管	
14-91.15.00.00		挡墙结构		
14-91.15.03.00			重力式挡土墙	
14-91.15.06.00			半重力式挡土墙	
14-91.15.09.00			衡重式挡土墙	
14-91.15.12.00			悬臂式挡土墙	
14-91.15.15.00			扶壁式挡土墙	
14-91.15.18.00			空箱式挡土墙	

续表 E.0.3

功能分类编码	名称			
14-91.15.21.00			桩板式挡土墙	
14-91.15.24.00			锚杆式挡土墙	
14-91.15.27.00			加筋式挡土墙	
14-91.18.00.00		护面/护脚结构		
14-91.18.03.00			块体	
14-91.18.03.03				扭王块体
14-91.18.03.06				扭工块体
14-91.18.03.09				四角椎体
14-91.18.03.12				四脚空心方块
14-91.18.03.15				螺母块体
14-91.18.03.18				栅栏板
14-91.18.03.21				抛石
14-91.18.03.24				石笼
14-91.18.03.27				杩槎
14-91.18.03.30				杯型块
14-91.18.03.33				彩道砖
14-91.18.03.36				拱肋
14-91.18.03.39				干砌石
14-91.18.03.42				灌砌石
14-91.18.03.45				浆砌石
14-91.18.03.48				理砌石
14-91.18.03.51				埋石混凝土
14-91.18.03.54				毛石混凝土
14-91.18.06.00			排体	
14-91.18.06.03				砂肋软体排

续表 E.0.3

功能分类编码	名称			
14-91.18.06.06				碎石包软体排
14-91.18.06.09				混合软体排
14-91.18.06.12				混凝土联锁块软体排
14-91.18.06.15				铰链排
14-91.18.09.00			模袋混凝土	
14-91.18.12.00			植草护坡	
14-91.18.15.00			中粗砂	
14-91.18.18.00			袋装碎石	
14-91.18.21.00			袋装道碴	
14-91.18.24.00			袋装土	
14-91.18.27.00			耕植土	
14-91.18.30.00			格埂	
14-91.18.33.00			油毛毡	
14-91.21.00.00		排水结构		
14-91.21.03.00			排水棱体	
14-91.21.06.00			排水管	
14-91.21.09.00			排水沟	
14-91.21.12.00			排水井	
14-91.21.15.00			反滤层/反滤结构	
14-91.21.18.00			土工布	
14-91.21.18.03				无纺布
14-91.21.18.06				机织布
14-91.21.18.09				复合土工布
14-91.24.00.00		防渗结构		
14-91.24.03.00			水平防渗	

续表 E.0.3

功能分类编码	名称			
14-91.24.03.03				黏土铺盖
14-91.24.03.06				混凝土铺盖
14-91.24.03.09				钢筋混凝土铺盖
14-91.24.03.12				沥青混凝土铺盖
14-91.24.03.15				堤后盖重
14-91.24.06.00			垂直防渗	
14-91.24.06.03				板桩
14-91.24.06.06				齿墙
14-91.24.06.09				劈裂帷幕灌浆
14-91.24.06.12				置换法防渗
14-91.24.06.15				深层搅拌加固
14-91.24.06.18				高压喷射灌浆
14-91.24.06.21				土工膜
14-91.27.00.00		填筑结构		
14-91.27.03.00			充泥管袋	
14-91.27.06.00			砂	
14-91.27.09.00			石	
14-91.27.12.00			土	
14-91.27.15.00			混合填充	
14-91.27.18.00			素混凝土	
14-91.30.00.00		防汛道路		
14-91.30.03.00			道路铺面	
14-91.30.06.00			道路路基	
14-91.30.09.00			道路路缘	
14-91.30.12.00			道路附件	
14-91.33.00.00		附属设施		

续表 E.0.3

功能分类编码	名称			
14-91.33.03.00			系船柱	
14-91.33.06.00			系船钩	
14-91.33.09.00			护舷	
14-91.33.09.03				钢护舷
14-91.33.09.06				橡胶护舷
14-91.33.12.00			警示灯	
14-91.33.15.00			爬梯	
14-91.33.15.03				钢爬梯
14-91.33.15.06				塑钢爬梯
14-91.33.18.00			盖板	
14-91.33.18.03				玻璃钢盖板
14-91.33.18.06				钢盖板
14-91.33.18.09				预制混凝土板
14-91.33.21.00			格栅	
14-91.33.21.03				玻璃钢格栅
14-91.33.21.06				不锈钢格栅
14-91.33.24.00			栏杆	
14-91.33.27.00			雨篷	
14-91.33.30.00			砖砌结构	
14-91.36.00.00		原位观测		
14-91.36.03.00			水尺	
14-91.36.06.00			水准基点	
14-91.36.09.00			渗压计	
14-91.36.12.00			钢筋计	
14-91.36.15.00			液压计	
14-91.36.18.00			土压计	

续表 E.0.3

功能分类编码	名称			
14-91.36.21.00			水位计	
14-91.36.24.00			位移计	
14-91.36.27.00			PVC 测井筒	
14-91.36.30.00			堤基测斜管	
14-91.39.00.00		围堰		
14-91.39.03.00			板桩围堰	
14-91.39.03.03				钢板桩围堰
14-91.39.03.06				预制混凝土板桩围堰
14-91.39.06.00			管桩围堰	
14-91.39.06.03				钢管桩围堰
14-91.39.06.06				预制管桩围堰
14-91.39.09.00			木材围堰	
14-91.39.09.03				圆木桩围堰
14-91.39.09.06				木板桩围堰
14-91.39.09.09				竹笼围堰
14-91.39.12.00			混凝土围堰	
14-91.39.15.00			水泥土围堰	
14-91.39.18.00			草土围堰	
14-91.39.18.03				土围堰
14-91.39.18.06				吹填砂围堰
14-91.42.00.00		绿化		
14-91.42.03.00			岸顶绿化	
14-91.42.06.00			斜坡绿化	
14-91.42.09.00			水生植物	
14-91.45.00.00		基坑临时监测		
14-91.45.03.00			位移计	

续表 E.0.3

功能分类编码	名称			
14-91.45.06.00			测斜管	
14-91.45.09.00			应力计	
14-91.45.12.00			土压力计	
14-91.45.15.00			水压力计	
14-91.48.00.00		水文设施		
14-91.48.03.00			水文站	
14-91.48.03.03				上部结构
14-91.48.03.06				承台
14-91.48.03.09				立柱
14-91.48.06.00			栈桥	
14-91.48.06.03				上部结构
14-91.48.06.06				承台
14-91.48.06.09				立柱
14-91.48.09.00			防撞墩	

表 E.0.4 水力机械元素分类编码(元素)索引

元素分类编码	名称			
14-92.00.00.00	水力机械			
14-92.03.00.00		主泵		
14-92.03.03.00			轴流泵	
14-92.03.03.03				立式轴流泵
14-92.03.03.06				卧式轴流泵
14-92.03.03.09				斜式轴流泵
14-92.03.03.12				竖井贯流泵
14-92.03.03.15				潜水轴流泵
14-92.03.03.18				潜水贯流泵

续表 E.0.4

功能分类编码	名称			
14-92.03.04.00			混流泵	
14-92.03.05.00			离心泵	
14-92.06.00.00		电动机		
14-92.06.03.00			异步电动机	
14-92.06.06.00			同步电动机	
14-92.06.06.00			永磁电动机	
14-92.09.00.00		齿轮箱		
14-92.09.03.00			平行轴齿轮箱	
14-92.09.06.00			行星齿轮箱	
14-92.12.00.00		进出水流道		
14-92.12.03.00			进水流道	
14-92.12.03.03				簸箕形进水流道
14-92.12.03.06				肘形进水流道
14-92.12.03.09				钟形进水流道
14-92.12.03.12				双向进水流道
14-92.12.06.00			出水流道	
14-92.12.06.03				直管式出水流道
14-92.12.06.06				虹吸式出水流道
14-92.12.06.09				猫背式出水流道
14-92.12.06.12				屈膝式出水流道
14-92.12.06.15				双向出水流道
14-92.15.00.00		进出水管道		
14-92.15.03.00			进水管	
14-92.15.06.00			出水管	
14-92.15.09.00			主阀	
14-92.15.12.00			水锤防护装置	

续表 E.0.4

功能分类编码	名称			
14-92.18.00.00		真空及充水系统		
14-92.18.03.00			真空泵	
14-92.18.06.00			真空罐	
14-92.18.09.00			汽水分离器	
14-92.18.12.00			水箱	
14-92.18.15.00			管子	
14-92.18.18.00			管件	
14-92.18.21.00			阀门	
14-92.21.00.00		供油系统		
14-92.21.03.00			透平油系统	
14-92.21.03.03				油罐
14-92.21.03.06				油泵
14-92.21.03.09				滤油机
14-92.21.03.12				油管
14-92.21.03.15				管件
14-92.21.03.18				阀门
14-92.21.03.21				测量仪表
14-92.24.00.00		供水系统		
14-92.24.03.00			技术供水系统	
14-92.24.03.03				水箱、水池
14-92.24.03.06				水泵
14-92.24.03.09				滤水器
14-92.24.03.12				散热器
14-92.24.03.15				管子
14-92.24.03.18				管件

续表 E.0.4

功能分类编码	名称			
14-92.24.03.21				阀门
14-92.24.03.24				仪表
14-92.24.06.00			消防供水系统	
14-92.24.06.03				水箱、水池
14-92.24.06.06				水泵
14-92.24.06.09				滤水器
14-92.24.06.12				灭火器
14-92.24.06.15				管子
14-92.24.06.18				管件
14-92.24.06.21				稳压罐
14-92.24.06.24				阀门
14-92.24.06.27				消火栓箱
14-92.24.06.30				仪表
14-92.27.00.00		排水系统		
14-92.27.03.00			检修排水系统	
14-92.27.03.03				拦污栅
14-92.27.03.06				水泵
14-92.27.03.09				阀门
14-92.27.03.12				管子
14-92.27.03.15				管件
14-92.27.03.18				仪表
14-92.27.06.00			渗漏排水系统	
14-92.27.06.03				拦污栅
14-92.27.06.06				水泵
14-92.27.06.09				阀门
14-92.27.06.12				管子

续表 E.0.4

功能分类编码	名称		
14-92.27.06.15			管件
14-92.27.06.18			仪表
14-92.30.00.00	压缩空气系统		
14-92.30.03.00		空压机	
14-92.30.06.00		储气罐	
14-92.30.09.00		汽水分离器	
14-92.30.12.00		水箱	
14-92.30.15.00		管子	
14-92.30.18.00		管件	
14-92.30.21.00		阀门	
14-92.33.00.00	采暖通风及空气调节系统		
14-92.33.03.00		泵房通风及空气调节系统	
14-92.33.03.03			通风机
14-92.33.03.06			风管
14-92.33.03.09			风阀
14-92.33.03.12			支吊架
14-92.33.03.15			除湿机
14-92.33.03.18			加热器
14-92.33.03.21			空调
14-92.33.06.00		电机通风系统	
14-92.33.06.03			通风机
14-92.33.06.06			风管
14-92.36.00.00	水力监测系统		
14-92.36.03.00		仪表	

续表 E.0.4

功能分类编码	名称			
14-92.36.03.03				水位
14-92.36.03.06				水位差
14-92.36.03.09				温度
14-92.36.03.12				压力
14-92.36.03.15				压力差
14-92.36.03.18				渗漏
14-92.36.03.21				流量
14-92.36.03.24				湿度
14-92.36.03.27				转速
14-92.36.03.30				振动
14-92.36.06.00			接线盒	
14-92.36.09.00			电缆	
14-92.39.00.00		起重设备		
14-92.39.03.00			桥式起重机	
14-92.39.06.00			门式起重机	
14-92.39.09.00			电动悬挂式起重机	
14-92.39.12.00			手拉葫芦	
14-92.39.15.00			电动葫芦	
14-92.42.00.00		机修设备		

表 E.0.5 金属结构元素分类编码(元素)索引

元素分类编码	名称			
14-93.00.00.00	金属结构			
14-93.03.00.00		闸门		
14-93.03.03.00			平面闸门	
14-93.03.03.03				直升式平面闸门
14-93.03.03.06				横拉式平面闸门
14-93.03.03.09				转动式平面闸门
14-93.03.03.12				浮箱式平面闸门
14-93.03.03.15				升卧式平面闸门
14-93.03.06.00			弧形闸门	
14-93.03.06.03				三角闸门
14-93.03.06.06				扇形闸门
14-93.03.06.09				鼓形闸门
14-93.03.09.00			其他形式闸门	
14-93.03.09.03				人字闸门
14-93.06.00.00		闸门组成构件		
14-93.06.03.00			面板及梁系	
14-93.06.06.00			连接装置	
14-93.06.12.00			止水装置	
14-93.06.15.00			锁定装置	
14-93.06.18.00			支承装置	
14-93.06.21.00			行走装置	
14-93.06.24.00			预埋件	
14-93.09.00.00		启闭设备		
14-93.09.03.00			固定式启闭机	
14-93.09.03.03				固定卷扬式启闭机
14-93.09.03.06				固定螺杆式启闭机

续表 E.0.5

功能分类编码	名称		
14-93.09.03.09			固定链式启闭机
14-93.09.03.12			固定连杆式启闭机
14-93.09.03.15			固定液压式启闭机
14-93.09.06.00		移动式启闭机	
14-93.09.06.03			移动卷扬式启闭机
14-93.09.06.06			其他移动式启闭机
14-93.12.00.00	启闭设备构成装置		
14-93.12.03.00		动力装置	
14-93.12.03.03			液压泵站
14-93.12.03.06			液压泵站供液管
14-93.12.03.09			液压泵站回液管
14-93.15.00.00	拦污栅		
14-93.15.03.00		固定式拦污栅	
14-93.15.06.00		活动式拦污栅	
14-93.18.00.00	清污机		
14-93.18.03.00		耙斗式清污机	
14-93.18.06.00		悬吊式清污机	
14-93.18.09.00		回转式清污机	
14-93.21.00.00	清污机附属系统		
14-93.21.03.00		皮带输送机	

表 E.0.6 电气元素分类编码(元素)索引

元素分类编码	名称			
14-94.00.00.00	电气系统			
14-94.03.00.00		35kV 配电系统		
14-94.03.03.00			35kV 母线	
14-94.03.03.03				进线柜
14-94.03.03.06				隔离柜
14-94.03.03.09				计量柜
14-94.03.03.12				压变柜
14-94.03.03.15				联络柜
14-94.03.03.18				主变出线柜
14-94.03.03.21				站变出线柜
14-94.03.03.24				所用变出线柜
14-94.03.03.27				馈线柜
14-94.03.03.30				无功补偿柜
14-94.06.00.00		35kV 主变压器		
14-94.06.03.00			X# 主变	
14-94.06.03.03				主变本体
14-94.06.03.06				高压套管
14-94.06.03.09				低压套管
14-94.06.03.12				高压中性点套管
14-94.06.03.15				接地套管
14-94.06.03.18				冷却器(散热器)
14-94.06.03.21				储油柜
14-94.06.03.24				闸阀
14-94.06.03.27				压力释放阀
14-94.06.03.30				温控装置
14-94.06.03.33				油面油温监测装置

续表 E.0.6

功能分类编码	名称			
14-94.06.03.36				有载调压机构
14-94.09.00.00		20kV 配电系统		
14-94.09.03.00			20kV 母线	
14-94.09.03.03				进线柜
14-94.09.03.06				隔离柜
14-94.09.03.09				计量柜
14-94.09.03.12				压变柜
14-94.09.03.15				联络柜
14-94.09.03.18				主变出线柜
14-94.09.03.21				站变出线柜
14-94.09.03.24				所用变出线柜
14-94.09.03.27				馈线柜
14-94.09.03.30				无功补偿柜
14-94.12.00.00		20kV 主变压器		
14-94.12.03.00			X# 主变	
14-94.12.03.03				主变本体
14-94.12.03.06				高压套管
14-94.12.03.09				低压套管
14-94.12.03.12				高压中性点套管
14-94.12.03.15				接地套管
14-94.12.03.18				冷却器(散热器)
14-94.12.03.21				储油柜
14-94.12.03.24				闸阀
14-94.12.03.27				压力释放阀
14-94.12.03.30				温控装置
14-94.12.03.33				油面油温监测装置

续表 E.0.6

功能分类编码	名称			
14-94.12.03.36				有载调压机构
14-94.15.00.00		10kV配电系统		
14-94.15.03.00			10kV 母线	
14-94.15.03.03				进线柜
14-94.15.03.06				隔离柜
14-94.15.03.09				计量柜
14-94.15.03.12				压变柜
14-94.15.03.15				联络柜
14-94.15.03.18				主变出线柜
14-94.15.03.21				站变出线柜
14-94.15.03.24				所用变出线柜
14-94.15.03.27				馈线柜
14-94.15.03.30				无功补偿柜
14-94.18.00.00		10kV主变压器		
14-94.18.03.00			X# 主变	
14-94.18.03.03				主变本体
14-94.18.03.06				高压套管
14-94.18.03.09				低压套管
14-94.18.03.12				高压中性点套管
14-94.18.03.15				接地套管
14-94.18.03.18				冷却器(散热器)
14-94.18.03.21				储油柜
14-94.18.03.24				闸阀
14-94.18.03.27				压力释放阀
14-94.18.03.30				温控装置
14-94.18.03.33				油面油温监测装置

续表 E.0.6

功能分类编码	名称			
14-94.18.03.36				有载调压机构
14-94.21.00.00		6kV 配电系统		
14-94.21.03.00			6kV 母线	
14-94.21.03.03				进线柜
14-94.21.03.06				隔离柜
14-94.21.03.09				计量柜
14-94.21.03.12				压变柜
14-94.21.03.15				联络柜
14-94.21.03.18				主变出线柜
14-94.21.03.21				站变出线柜
14-94.21.03.24				所用变出线柜
14-94.21.03.27				馈线柜
14-94.21.03.30				无功补偿柜
14-94.24.00.00		6kV 主变压器		
14-94.24.03.00			X# 主变	
14-94.24.03.03				主变本体
14-94.24.03.06				高压套管
14-94.24.03.09				低压套管
14-94.24.03.12				高压中性点套管
14-94.24.03.15				接地套管
14-94.24.03.18				冷却器(散热器)
14-94.24.03.21				储油柜
14-94.24.03.24				闸阀
14-94.24.03.27				压力释放阀
14-94.24.03.30				温控装置
14-94.24.03.33				油面油温监测装置

续表 E.0.6

功能分类编码	名称			
14-94.24.03.36				有载调压机构
14-94.27.00.00		3kV 配电系统		
14-94.27.03.00			3kV 母线	
14-94.27.03.03				进线柜
14-94.27.03.06				隔离柜
14-94.27.03.09				计量柜
14-94.27.03.12				压变柜
14-94.27.03.15				联络柜
14-94.27.03.18				主变出线柜
14-94.27.03.21				站变出线柜
14-94.27.03.24				所用变出线柜
14-94.27.03.27				馈线柜
14-94.27.03.30				无功补偿柜
14-94.30.00.00		3kV 主变压器		
14-94.30.03.00			X# 主变	
14-94.30.03.03				主变本体
14-94.30.03.06				高压套管
14-94.30.03.09				低压套管
14-94.30.03.12				高压中性点套管
14-94.30.03.15				接地套管
14-94.30.03.18				冷却器(散热器)
14-94.30.03.21				储油柜
14-94.30.03.24				闸阀
14-94.30.03.27				压力释放阀
14-94.30.03.30				温控装置
14-94.30.03.33				油面油温监测装置

续表 E.0.6

功能分类编码	名称			
14-94.30.03.36				有载调压机构
14-94.33.00.00		1kV以下配电系统		
14-94.33.03.00			660V母线	
14-94.33.03.03				进线柜
14-94.33.03.06				计量柜
14-94.33.03.09				馈电柜
14-94.33.03.12				联络柜
14-94.33.03.15				电动机控制柜
14-94.33.03.18				无功补偿柜
14-94.33.06.00			380V母线	
14-94.33.06.03				进线柜
14-94.33.06.06				计量柜
14-94.33.06.09				馈电柜
14-94.33.06.12				联络柜
14-94.33.06.15				电动机控制柜
14-94.33.06.18				无功补偿柜
14-94.36.00.00		柴油发电机组及附属设备		
14-94.36.03.00			柴油发电机电力系统	
14-94.36.03.03				柴油发电机控制箱
14-94.36.03.06				柴油发电机出线端子箱
14-94.36.06.00			柴油发电机供油系统	
14-94.36.06.03				柴油发电机供油泵

续表 E.0.6

功能分类编码	名称			
14-94.36.06.06				柴油发电机油箱
14-94.39.00.00		直流电源系统		
14-94.39.03.00			直流系统	
14-94.39.03.03				直流充电屏
14-94.39.03.06				馈线屏
14-94.39.03.09				蓄电池屏
14-94.42.00.00		不间断电源系统		
14-94.42.03.00			UPS 系统	
14-94.42.03.03				电力 UPS 控制器
14-94.42.03.06				UPS 馈电盘
14-94.42.03.09				UPS 蓄电池柜
14-94.42.06.00			EPS 系统	
14-94.42.06.03				电力 EPS 控制器
14-94.42.06.06				EPS 馈电盘
14-94.42.06.09				EPS 蓄电池柜
14-94.45.00.00		继电保护系统		
14-94.45.03.00			水泵电机保护	
14-94.45.03.03				电机保护盘
14-94.45.03.06				故障录波器柜
14-94.45.06.00			主变保护系统	
14-94.45.06.13				X# 主变保护柜
14-94.45.09.00			线路保护及自动装置	
14-94.45.09.03				35kV 配电系统保护测控装置

续表 E.0.6

功能分类编码	名称			
14-94.45.09.06				10kV 配电系统保护测控装置
14-94.45.09.09				10kV 电容器保护装置
14-94.48.00.00		监控系统		
14-94.48.03.00			监控计算机	
14-94.48.06.00			通信计算机	
14-94.48.06.00			公用测控屏	
14-94.48.06.03				公用测控装置
14-94.48.09.00			模拟屏	
14-94.48.12.00			控制台	
14-94.48.15.00			存储设备	
14-94.48.18.00			打印机	
14-94.51.00.00		现地控制单元		
14-94.51.03.00			机组 LCU	
14-94.51.06.00			LCU 控制盘柜	
14-94.51.09.00			LCU 控制盘柜	
14-94.54.00.00		时钟同步系统		
14-94.57.00.00		通信系统		
14-94.57.03.00			通信设备柜	
14-94.57.03.03				远动通信设备
14-94.57.03.06				光端机
14-94.57.03.09				交换机
14-94.57.03.12				路由器
14-94.57.03.15				防火墙
14-94.57.06.00			通信配线柜	
14-94.60.00.00		工业电视设备		

续表 E.0.6

功能分类编码	名称			
14-94.60.03.00			视频监控	
14-94.60.03.03				控制器
14-94.60.03.06				流媒体服务器
14-94.60.03.09				球机、枪机
14-94.60.06.00			安防监控	
14-94.60.09.00			数字电视	
14-94.63.00.00		门禁、出入口控制		
14-94.66.00.00		消防系统		
14-94.66.03.00			消防控制柜	
14-94.66.06.00			火灾自动报警系统	
14-94.66.06.03				消防管理机
14-94.66.06.06				联动控制器
14-94.66.06.09				消防应急广播
14-94.66.06.12				手动火灾报警按钮
14-94.66.06.15				声光报警器
14-94.66.06.18				智能光电感烟探测器
14-94.66.06.21				防爆感烟探测器
14-94.66.06.24				防爆感温探测器
14-94.69.00.00		照明系统		
14-94.69.03.00			照明配电箱	
14-94.69.03.03				灯具
14-94.69.03.06				开关
14-94.69.03.09				插座
14-94.72.00.00		防雷接地系统		

续表 E.0.6

功能分类编码	名称			
14-94.72.03.00			接地系统	
14-94.72.03.03				接地网
14-94.72.06.00			防雷系统	
14-94.72.06.03				接闪针
14-94.72.06.06				接闪带

本标准用词说明

1 为便于在执行本标准条文时区别对待，对于要求严格程度不同的用词说明如下：

1）表示很严格，非这样做不可的用词：

正面词采用“必须”；

反面词采用“严禁”。

2）表示严格，在正常情况下均应这样做的用词：

正面词采用“应”；

反面词采用“不应”或“不得”。

3）表示允许稍有选择，在条件许可时首先应这样做的用词：

正面词采用“宜”；

反面词采用“不宜”。

4）表示有选择，在一定条件下可以这样做的用词，采用“可”。

2 条文中指明应按其他有关标准执行的写法为“应按……执行”或“应符合……的规定”。

引用标准名录

1 《信息分类和编码的基本原则和方法》GB/T 7027
2 《建筑工程信息模型应用统一标准》GB/T 51212
3 《建筑信息模型施工应用标准》GB/T 51235
4 《建筑信息模型分类和编码标准》GB/T 51269
5 《建筑信息模型应用标准》DG/TJ 08—2201

上海市工程建设规范

水利工程信息模型应用标准

DG/TJ 08－2307－2019
J 14949－2019

条文说明

2020　上海

目 次

1 总 则 …… 143
2 术 语 …… 145
3 基本规定 …… 149
3.1 一般规定 …… 149
3.2 建模规则 …… 150
3.3 模型精细度 …… 151
4 基础数据 …… 153
4.1 一般规定 …… 153
4.2 对象编码 …… 155
4.3 数据交互和交付 …… 163
5 协同工作 …… 166
5.1 一般规定 …… 166
5.2 协同方法 …… 166
5.3 协同平台 …… 167
6 信息模型应用 …… 169
7 项目建议书阶段 …… 171
7.1 场地现状仿真 …… 171
7.2 工程选址及选线 …… 173
8 可行性研究阶段 …… 174
8.1 地形和地质分析 …… 174
8.2 总体布置 …… 175
8.3 主要建筑物及设备型式方案比选 …… 177
9 初步设计阶段 …… 178
9.1 建筑物尺寸确定及设备比选 …… 178

9.2 概算工程量统计 …………………………………………………… 178
9.3 施工进度虚拟仿真 ………………………………………………… 179
10 施工图设计阶段 ……………………………………………………… 181
10.1 模型会审 ………………………………………………………… 181
10.2 主要设备运输和吊装检查 ……………………………………… 182
10.3 制图发布 ………………………………………………………… 183
10.4 效果渲染与动画制作 …………………………………………… 184
11 施工和竣工阶段 ……………………………………………………… 186
11.1 施工场区布置 …………………………………………………… 186
11.2 施工进度控制 …………………………………………………… 187
11.3 施工质量控制与安全控制 ……………………………………… 188
11.4 造价管理工程量计算 …………………………………………… 188
11.5 竣工模型构建 …………………………………………………… 189
12 运维阶段 ……………………………………………………………… 191
12.2 安全监测 ………………………………………………………… 191
12.4 资产管理 ………………………………………………………… 191

Contents

1 General provisions ······ 143

2 Terms ······ 145

3 Basic requirements ······ 149

3.1 General requirements ······ 149

3.2 Modeling rules ······ 150

3.3 Level of detail for information model ······ 151

4 Fundamental data ······ 153

4.1 General requirements ······ 153

4.2 Objects encoding ······ 155

4.3 Data exchange and delivery ······ 163

5 Collaborative working ······ 166

5.1 General requirements ······ 166

5.2 Collaboration methodology ······ 166

5.3 Collaboration platform ······ 167

6 Information model application ······ 169

7 Project proposal phase ······ 171

7.1 Site simulation ······ 171

7.2 Project site and route selection ······ 173

8 Feasibility study phase ······ 174

8.1 Terrain and geology analysis ······ 174

8.2 General layout ······ 175

8.3 Major buildings and equipments selection ······ 177

9 Preliminary design phase ······ 178

9.1 Building size determination and equipment selection ······ 178
9.2 Quantity statistics ······ 178
9.3 Construction process simulation ······ 179
10 Design phase for construction documents ······ 181
10.1 Model joint review ······ 181
10.2 Major equipment transporation and lifting inspection ······ 182
10.3 Drawing and release ······ 183
10.4 Rendering and visualization ······ 184
11 Construction and completion phase ······ 186
11.1 Construction area layout ······ 186
11.2 Construction process control ······ 187
11.3 Construction quality and safety control ······ 188
11.4 Quantity statistics for cost management ······ 188
11.5 Completion model creation ······ 189
12 Operation and maintenance phase ······ 191
12.2 Safety monitoring ······ 191
12.4 Asset management ······ 191

1 总 则

1.0.1 本标准是上海市 BIM 技术标准体系的专用标准之一，是信息模型在水利工程行业的具体要求。本标准遵循现行上海市工程建设规范《建筑信息模型应用标准》DG/TJ 08－2201 的基本原则和应用要求。

本标准基于水利工程的特点，从数据、协同、模型、应用、交付等方面对水利工程 BIM 技术应用提出统一的规则。建立水利工程信息模型的数据定义、分类与编码、数据存储与交换、模型拆分与建模、模型深度与属性信息、数据交付、协同平台组织管理等标准规则，旨在提供全生命周期（设计、施工、运维）信息传递过程中交付标准化的模型应用成果。

在模型应用过程中，应结合水利工程特点和设计、施工、运维的应用需求，利用 BIM 技术提高设计、施工和运维的质量与效益。模型的基本应用应融合至现有的建设条件与建设环境中，以改善投资效益为目标，实现正向 BIM 设计、BIM 施工模拟，辅助工程运营维护；利用模型的可选应用辅助建设，有助于缩短建设周期、提高工程建设质量。模型从规划、实施到应用需贯穿全生命周期，深度挖掘应用点与实际工程的结合度，提高工程建设的综合效益。在完成模型规划既定目标，有效解决实际问题时，也应避免过度建模、重复建模、无效应用等，造成不必要的资源浪费。

1.0.2 本条规定了 BIM 技术在水利工程项目中的应用范围。水利工程建筑物按其功能可分为挡水建筑物、泄/排水建筑物、输水建筑物、取（进）水建筑物、河道整治建筑物、专门性建筑物。

水利工程不同的功能性建筑物应采取适宜的建模方式，建立符合其主要工程特征与系统设备构件属性的数据内容和交付成果，模型应用应根据其工程特征及应用需求开展。其中新建工程的信息模型应涵盖全部设计内容，包括反映场地与周边环境的主要建筑物（构筑物）信息模型；改建与扩建的水利工程信息模型应涵盖全部改建和扩建的工程信息模型，并通过适当手段，如实景建模技术对既有建筑物（构筑物）快速构建信息模型。配套工程如市政道路、桥梁、建筑等信息模型除了遵循本标准规定外，还应满足相应的行业标准，如《建筑信息模型应用标准》DG/TJ 08－2201、《市政道路桥梁信息模型应用标准》DG/TJ 08－2204 等。

当满足水利工程信息化建设需求时，配套工程信息模型在符合相应行业标准基本原则的基础上可作适当简化，例如在不影响水利工程信息模型完整性和合理性及建设工程数字化与信息化主要功能特征的条件下，相应配套工程可仅建立满足主体结构尺寸参数的几何模型，并附加相应水利工程全生命周期 BIM 资源特征的非几何信息。

2 术 语

2.0.1 BIM(建筑信息模型)涵盖两层内容,狭义上包含直观模型、几何信息和非几何信息组成的数字化模型,即"Building information model";广义上,包含数字化模型在内的由建筑信息模型、模型应用及业务流程信息管理所组成的全部数字化与信息化实现过程,即"Building information modeling"。本标准如不特殊说明,一般指前者。

BIM概念中的"Building"泛指建筑物,包含土木、水利、市政等工程建设领域所有建筑物、构筑物。其中,以水利工程应用对象的信息模型,包括水利工程、配套市政工程、建筑等综合性信息模型对象,称为水利工程信息模型,其应用或实施可在工程全生命周期发挥作用,也可在其中几个阶段或选择性目标应用点中发挥作用。本标准对水利工程信息模型简称信息模型。

物理特征指水利工程信息模型的工程对象、实体对象、元素构件对象等的几何参数、位置、型式等物理要素的描述;功能特性及管理要素即描述水利工程信息模型的水工建筑物功能、主要结构功能、主体构件功能等特性,包含了表达其数字化过程的共享、协同、存储、交换等信息内容。

2.0.2 "元素"来自ISO 12006-2:2001,每个元素都满足了特定的主要功能,或独立,或与其他元素结合。元素应用的最广泛的时期是项目早期,以确定项目的物理特征、运营特征和美学特征。考虑元素时不与功能的材料、技术解决方案结合。对于每个元素,都可能有多个技术解决方案能够达到该元素的功能。

水利工程信息模型元素是创建水利工程信息模型构件的基础,从模型内容的数据属性角度,元素创建过程中所需的基本内容和限定条件，包括实际构件、部件（如水闸底板、墩墙、胸墙、流道、反滤层等）的几何信息（如底板型式、尺寸、厚度、标高等）、非几何信息（如水工结构功能及规模、洪水标准、抗震等级、水压力、扬压力等）以及过程、资源等组成模型的内容；从模型内容的数据组成方式角度，水利工程信息模型元素包含了共享元素（如图层、颜色、元件库、共享单元、工程量属性、断面模板等）和专业元素（水工结构构件、水力机械部件、金属结构零部件、电气设备或部件等）。

2.0.4 本标准协同平台包含了信息模型创建、应用、存储、传递，工程数据存储、调用、版本管理，人员角色权限设定等过程的数据协同和管理协同。在信息模型实际操作层面，各专业、各组织间为了建立一个共享的数字化模型，需要存在一个解决信息传递方之间的沟通媒介，使得信息传输变得简单、连续、准确，该媒介即是协同平台，使信息模型从根本上具有了快速提升实践质量与效率的依托，也是构建信息模型的关键方式。

2.0.5 信息模型应用指在水利工程全生命周期内的各个阶段创建满足本阶段模型深度要求和应用需求的信息模型，在此基础上进行的专门性应用。例如，项目建议书阶段的工程选址及选线、施工图阶段的模型会审、施工和竣工阶段的竣工模型构建、运维阶段的资产管理等。

信息模型应用可按模型与应用目标的实现方式分为两方面。一方面，为了达到某种应用需求而直接创建的信息模型，如工程场地模型及分析、竣工模型创建；另一方面，在创建了信息模型后，经过模型审核，模型作为可以达到应用需求的版本固定下来；在此模型的基础上再进行应用，如制图发布、构件预制加工、资产管理等。根据现阶段水利工程信息模型技术的发展经验，从模型应用要求角度分为要求型应用、推荐型应用和可选型应用，分别以“应”“宜”“可”的方式在本标准第 6.0.1 条描述。要求型应用指应用方在项目实施中应该完成的 BIM 应用；推荐型应用指应用方能较为普遍实现的BIM应用；可选型应用指应用方在具备条件时提供的BIM应用。具体内容，详见本标准第6章规定。

2.0.6 由于水利工程行业工程项目具有专业集成的特点，需要对整个工程项目预先按功能、专业、功能部位、参与单位、阶段等方式进行划分(施工模型可按单位工程、分部工程、分项工程、单元工程划分)，再由各自专业人员建模，依据特定任务或应用功能，形成总装模型或其子集，子集的部分称为子模型。

2.0.7 几何信息是指构件对应的几何形态、空间位置、尺寸、面积、体积、容量、布置等信息。几何形态是指构件本身的尺寸及约束信息，如泵闸底板的型式(平底板、折线形底板等)、主要几何参数(净宽、厚度等)、边墩与中墩厚度等；空间位置是指构件与其所处环境之间的关系，如底板埋深、标高，连接段桩号，平面坐标等。

2.0.8 非几何信息是指基于信息模型构件或对象类型而产生地与之对应的性能参数、编号标记、做法工法、样式类别、装配用途、厂商造价等各种信息。

2.0.9～2.0.11 模型精细度包括建模精度和信息粒度。其中，建模精度反映了模型几何维度的细致程度，信息粒度包含几何信息粒度和非几何信息粒度，反映模型中信息的详细程度。建模精度是指对模型构成、空间、位置、大小、形态及相互关系的二维图元及三维可视化表达的完整程度与细致程度；而几何信息粒度是指与模型有关的几何形态、空间关系、尺寸标注等属性信息文字标识的详细程度。模型精细度统一采用LOD100～LOD500表达，详见本标准第3.3.1条。规定模型精细度，也用于衡量信息模型随着工程全生命周期的推进在不同阶段的工作量，是一个概化指标。应根据使用需求，选择适当的建模精度等级和信息粒度等级。必要时，可针对某些构件或产品分别选择建模精度等级和信息粒度等级。例如，机电安装专项工程，设备可选择高等级信息粒度和建模精度，而设备支架、排架可选择较低等级信息粒度和建模精度。

2.0.12 本条规定信息模型在发展过程中，发生信息传递后作为交付手段和交付成果提交数据接收方，旨在为数据接收方和传递方建立标准化交付内容与流程，达到数据高效利用的目的。交付指信息模型从传递方移交接收方的完整过程和系统文件。交付物可包含交付文档、信息模板和模型集。交付物基于水利工程设计信息模型应用成果，包括但不限于各专业信息模型、子模型、各类视图、图纸、重要文件和依据性文件、分析表格、说明文档、辅助多媒体等。

3 基本规定

3.1 一般规定

3.1.1 水利工程信息模型的目标是解决工程全生命周期的资源整合和信息共享。水利工程全生命周期是从规划、勘察、设计、施工到运维或拆除的完整过程。为提高信息模型的利用率及信息传递的完整性，信息模型构建和应用宜覆盖工程全生命周期，实现全生命周期模型应用。对于单阶段或若干应用点的信息模型，也应满足全生命周期范围内建设需求和数据交付的要求。

3.1.2 《水利工程建设项目管理规定（试行）》（水利部水建〔1995〕128 号，2016 年修正）中，水利工程建设程序一般分为：项目建议书、可行性研究报告、施工准备、初步设计、建设实施、生产准备、竣工验收、后评价等阶段。

结合国内 BIM 实践，将水利工程信息模型应用阶段划分为六个阶段：项目建议书阶段、可行性研究阶段、初步设计阶段、施工图设计阶段、施工和竣工阶段、运维阶段。

由于在每个阶段工程项目的工作内容、重点和特点均不相同，因此各阶段模型都有差异，但也应充分利用上阶段模型和数据，并进一步深化。

3.1.3 本条参照《上海市建筑信息模型技术应用指南（2017 版）》第 1.0.4 条，对水利工程信息模型的实施主体提出要求。由建设单位主导、各参与方在项目全生命期协同应用水利工程信息模型，使其充分发挥效益。

3.1.4 基于协同平台，信息传递和交互高效便捷。同时，参与方可通过协同平台的权限实现对模型及其数据的有效管控，记录数据的存储、变更、版本等内容，做到现行数据状态即时查看，历史数据可追溯。

3.2 建模规则

3.2.1 本条明确在建立信息模型之初，应对工程实体对象预先合理划分，方便模型链接及数据管理。

按功能划分工程对象，如排水闸、排水泵站、堤防、海塘等；按部位划分工程对象，如对于水闸，分为铺盖、护底、上游防冲槽、上游翼墙、闸室、下游防冲槽等，对于堤防分为护底、护脚、护坡、护岸、堤身等；按工程类别划分工程对象，如土方工程、地基基础工程、混凝土结构工程、挡墙结构、护面/护脚结构、排水结构、防渗结构等；按专业划分工程对象，如综合类（特指对模型的综合链接、查验、模型发布移交等任务）、测绘专业、地质专业、水文水资源专业、水工专业、观测专业、建筑专业、水机专业、金属结构专业、电气专业等。

分别对划分后的工程对象进行建模，进行模型链接，形成子模型或总装模型，宜建立子模型或总装模型对划分模型或下层子模型的参考引用关系图示或说明。

以某泵闸工程为例，图1给出其模型构建的框架，最终形成总装模型的过程。

3.2.3 本条主要针对水利工程信息模型创建完成后或交付时，总体模型应采用的坐标系统和高程系统，一般指上海城市坐标系统和吴淞高程系统。形成带真实地理坐标的链接模型，基于准确地理信息系统的水利工程信息模型在应用时才能获取正确的采集、放样、运维等信息。具体建模时，为了建模方便，通常为了减少坐标转换的复杂换算，可先按相对坐标或轴网建立站点模型（水闸泵站等），待完成后统一移动至准确的地理坐标位置，按绝对坐标位置建立场地模型（场坪、测绘、地质等模型）。

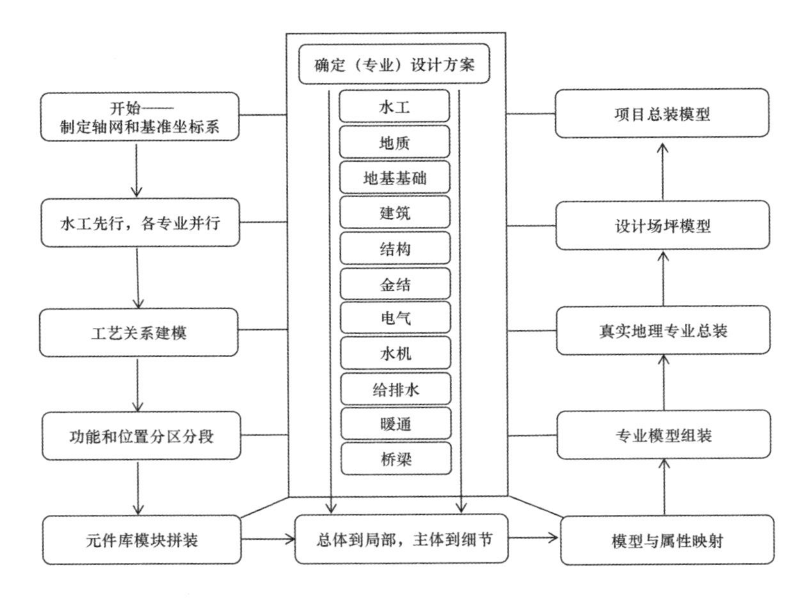

图 1　某泵闸工程模型构建流程与链接调用层级图

3.2.4　本条规定了同一项目各专业模型宜采用统一的度量制。具体实施时，站点工程宜采用“mm”(角度采用“°”)作为统一建模单位，场地宜采用“m”(角度采用“°”)作为统一建模单位，总装模型可根据工程规模与具体要求采用统一的单位作为模型基准尺度。几何与非几何信息的单位也应统一。

3.3　模型精细度

3.3.1～3.3.3　完整描述一个信息模型构件需要直观所见的模型和附加于模型的属性信息(数据)。表达直观所见模型的详细程度称为“建模精度”，表述模型代表的工程对象所蕴含的各类信息详细程度称为“信息粒度”。信息可以细分为几何信息和非几何信息两大类，因此，将信息粒度进一步细分为几何信息粒度和非几何信息粒度。建模精度和信息粒度均用 LOD100～LOD500

等级表示，详见表 3.3.1～表 3.3.4。例如，一个完整构件的信息模型精细度可用“{LOD300，LOD200}”的方式表示，其中 LOD300 表示建模精度等级，LOD200 表示信息粒度等级。

模型精细度等级根据涉及专业的不同分别定义，应注意使每个后续等级均包含前一等级的所有特征，保证模型和信息的继承性。考虑到现行上海市工程建设规范《建筑信息模型应用标准》DG/TJ 08－2201 中定义的 D0～D3 元素等级，对应本标准中建模精度 LOD100～LOD400：D0 大致对应 LOD100；D1 大致对应 LOD100～LOD200；D2 大致对应 LOD300；D3 大致对应 LOD400。前者信息方面采用信息交换模板进行，不与 LOD 等级关联。

LOD100～LOD500 表征了各元素、构件等要素的信息模型精细度，与项目阶段划分并非严格一一对应。为了总装模型轻量化，可以对部分次要结构或设备构件的模型精细度适当降低。例如，在初步设计阶段，地基基础的次要设施如排水沟排水井等设施可以按{LOD200，LOD100}精细度构建其信息模型；在施工图设计阶段，挡墙压顶与墙身的连接插筋只需按{LOD200，LOD100}的精细度构建其信息模型。

在各专业和专项模型中，金属结构与水力机械专业往往涉及加工制造领域，相比其他专业具有明显特殊性，故金属结构与水力机械专业的模型精细度应有专门规定。例如，在施工图阶段，金属结构专业的闸门、拦污栅等应是具有完整零部件装配关系的三维几何实体，装配模型应具有准确的定位信息，零件模型应包含表达零件级工程属性，如材料名称、材料特性、质量、技术要求等。零件模型应能准确表达零件的设计信息，包含几何要素、约束要素和工程要素。装配模型应进行静、动态干涉检查分析。可根据实际需要和情况，增加外购设备轮廓模型。

3.3.5 在当前的软硬件技术条件下，为了提高效率，使用简单的图形和符号作为辅助表达手段是必要的。必要的文字、文档、多媒体等可极大地补充和丰富项目信息，也视为有效的信息表达方式。

4 基础数据

4.1 一般规定

4.1.1 水利工程信息模型的数据交互在协同工作的要求下才能被充分利用。统一标准的数据结构，协同工作框架和执行规定，是顺利实现数据交互的手段。

4.1.2 本条规定了模型数据的完整性要求，在建设阶段间不应发生重要数据流失，如初步设计阶段信息模型数据传递至施工图设计阶段时，施工图设计要求的数据必须完整。不得随意删除初步设计阶段的模型数据，可以对其细化和完善；一致性要求指在信息传递时，不能出现歧义，保证前后一致，如底板浇筑的混凝土强度等级为C30，在所有阶段均应保证混凝土强度等级为C30的这一信息不会发生变化；模型数据的有效性指依赖于工程对象的数据信息应准确可靠，并能发挥实际效用，如BIM软件中创建的门窗模型可能自带多种信息条目，而部分在某些阶段并无实际意义，不能作为有效传递的信息。从可行性研究阶段到施工图阶段，水工结构主体对象必须为实体建模，其量测体积作为有效传递信息，若仅是表面模型，则其表面积在工程量计算时不能作为有效传递信息；模型数据的可扩充性包含冗余信息的可剔除性和不足信息的可扩展性。一方面，在数据传递的实际操作中，冗余信息不可避免。例如，当进行管道建模时，往往附属信息量巨大，有些信息并非针对使用需求，这种情况难以避免，不必刻意完全消除冗余信息。然而，采取一些措施尽可能减少冗余信息的产生，有利于提高数据接收方对信息提取和整理的效率。另一方面，模型数据输入方在完成信息模型构建，交付施工或运维方后，可按接收方需求增加必要数据信息，例如设施设备的维修日期，应能进行扩展，除了结构构件的体量外，应能对其面积、规格、替换构件等信息进行扩展，这也是保障数据完整性的客观要求。

总之，在水利工程信息模型解决方案中应用合理的技术手段保障信息的完整性、准确性，这要求在各阶段间信息传递具备显著特征，包括唯一识别特征、时间前后和内在逻辑一致特征、剔除冗余信息和筛选可用信息的有效性特征，模型数据与信息的可扩充性特征。

4.1.4 工程各个阶段的代码见表1，为交付成果提供分类和索引便利。信息模型及其交付物文件夹宜按顺序码、项目、分区或系统、工程阶段、版本、状态代码、专业、位置和补充描述信息的层级进行命名。版本按照交付要求和时间节点，可划分为A版、B版……以此类推；状态代码见表2，示例如图2所示。

表1　水利工程阶段代码

阶段(中文)	阶段简称	阶段代码
项目建议书阶段	项建书	X
可行性研究阶段	工可	K
初步设计阶段	初设	C
施工图设计阶段	施工图	S
施工和竣工阶段	施工	SJ
运维阶段	运维	YW

表2　状态代码

数据类型	文件夹名称	状态代码简称	状态代码
外部参考数据	外部参考区	外部	ING
编辑和共享数据	编辑和共享区	编辑	EDT
发布数据	发布区	发布	PUD
归档数据	归档区	归档	ARD

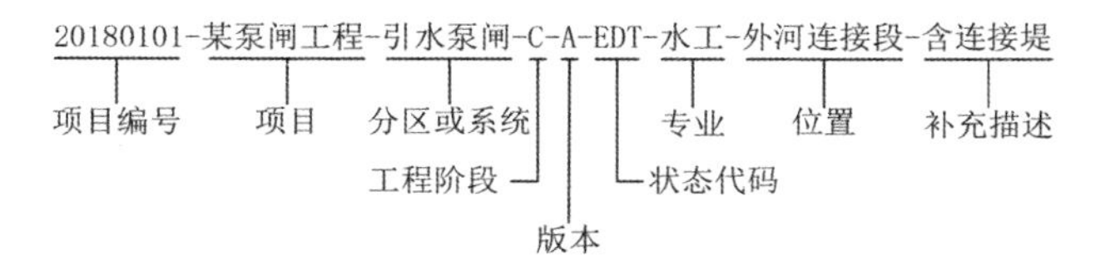

图 2　某泵闸工程信息模型文件夹命名规则示例

信息模型及其交付物电子文件宜按“项目编号-项目简称-分区或系统-专业-类型-标高-描述”的方式命名和建立索引编码。示例如图 3 所示。

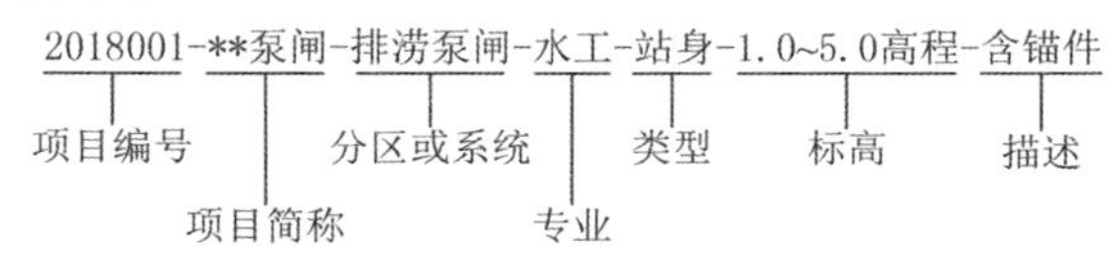

图 3　某泵闸工程信息模型文件命名规则示例

4.2　对象编码

4.2.2　现行国家标准《建筑信息模型分类和编码标准》GB/T 51269 明确了信息的分类结构包括建设成果、建设进程、建设资源、建设属性。信息分类对象包括了构成建设环境的所有内容。信息模型应与水利工程建设的过程和结果密切相关，是水利工程建设因素集合在计算机（软件）中的映射，涵盖成果、进程、资源、属性四个层级的内容。

4.2.3　现行国家标准《建筑信息模型分类和编码标准》GB/T 51269 中对建筑信息模型信息分类作出规定，如表 3 所示，采用表代码为 10、11、12、…、41 共 15 张表的面分类方法综合反映建设成果、建设进程、建设资源、建设属性。本标准的对象分类和编码是基于表 3 和水利工程特点进行的分类梳理与统一编码。

表 3 信息模型分类表代码

表代码	分类名称	表代码	分类名称
10	按功能分建筑物	22	专业领域
11	按形态分建筑物	30	建筑产品
12	按功能分建筑空间	31	组织角色
13	按形态分建筑空间	32	工具
14	元素	33	信息
15	工作成果	40	材质
20	工程建设项目阶段	41	属性
21	行为	—	—

4.2.4～4.2.6 编码宜采用水利工程信息模型分类编码的全数字编码规则。

信息模型对象的编码由两部分构成，即分类编码和唯一标识编码。分类编码是对信息模型对象（包括模型和数据）按照一定规则进行统筹归类，并进行排序而固定下来，作为共享信息库的一部分。唯一标识编码是对工程建设中信息模型对象的唯一性编码，使其在工程全部数字对象中具有唯一的编号属性，与其他任意对象编号不重复，方便数据交互和交付时唯一识别和准确调用，也为数据、模型等要素准确的互联奠定基础。分类编码和唯一标识编码的结合，使得信息模型对象具有了与其他对象的逻辑追溯关系，方便用于数字化与信息化调用与数据叠加。

图 4.2.6 为水利工程信息模型对象分类编码和唯一标识编码结构。分类编码又包含表代码和分类码，表代码即表 3 中的信息模型分类范围，附录 E 对表代码 10（按功能分建筑物）、表代码 12（按功能分空间）、表代码 14（按元素）进行了水利工程行业的相应拓展；分类码按“大类、中类、小类、细类”进行划分和编号，水利工程信息模型对象的分类按对象的本质属性或特征进行分类，采用系统化的面分类体系；唯一编码表示为顺序码，采用与分类码

相对应级别的累计序列号，分类码中的“大类”对应顺序码中的“大类顺序码”，分类码中的“中类”对应顺序码中的“中类顺序码”，依此类推。其中，在具体工程应用中，大类和中类的细分数量一般不多，设上限为 99，故大类顺序码和中类顺序码采用 2 位数字表示，小类和细类的细分数量可能随着实体对象的增多而迅速增加，设上限为 9999，故小类顺序码和细类顺序码采用 4 位数字表示。

水利工程分类及编码的具体代码采用本标准中的数字约定方式。用于分类编码的数字可以不连续，应保留一定间隔便于后续构件的添加以及专项应用标准的扩展，但在扩展分类编码时，不应将新加元素（或空间、功能、成果、产品等）的编码与已有编码重合，而应增加新的不同编码，具体按现行国家标准《建筑信息模型分类和编码标准》GB/T 51269 中的规定执行。确定元素唯一标识编码是在信息模型分类编码的基础上扩展而来，编码结构详见图 4.2.6，顺序码应按照具体工程项目自定义，宜连续编号，当分类码中某级分类无需细分顺序时，顺序码中与之对应级别的流水号采用“01”或“0001”；分类小于四级时，分类码和顺序码末尾级别编码以“0”补齐。对象分类和唯一标识编码在水利工程中的应用类型及规则描述、实例见表 4，实例分解与解释见表 5。

表 4　信息模型编码类别和实例对照表

序号	对象分类和唯一标识编码应用类型	规则描述		实例	
1	分类编码	含义	采用一种或几种表代码组合表示的对象分类编码(不含顺序码)	工程实例	排水泵站站身的支墩
		用途	用于表示对象的分类层级	编码	10-90.20.20.00+12-90.20.25.00+14-91.06.06.09
2	一个表代码表示的唯一标识编码	含义	采用一种表代码表示的对象唯一标识编码	工程实例	泵闸混凝土墩墙的 2 号支墩
		用途	用于表示单一表代码分类结构时，对最小级别(小类或细类元素)的细分顺序	编码	14-91.06.06.09#01.01.0001.0002
3	一个表代码表示多级顺序码的唯一标识编码	含义	采用一种表代码表示的对象唯一标识编码，顺序码在大类顺序码、中类顺序码、小类顺序码、细类顺序码的级别中至少有两级以上大于 1(或者对应分类码中大类、中类、小类、细类的级别，两种级别以上的统计总数量大于 1)	工程实例	第 3 工区泵闸混凝土结构第 4 组墩墙的 2 号支墩
		用途	用于表示单一表代码分类结构时，对象在多种层级上均需进行的顺序细分	编码	14-91.06.06.09#01.03.0004.0002

续表 4

序号	对象分类和唯一标识编码应用类型	规则描述		实例	
4	一个表代码表示的小于四级分类的唯一标识编码	含义	在分类码中，当对象分类处于小类时，而不进一步细分至细类时，细类采用“00”时，对应细类顺序码为“0000”	工程实例	泵闸混凝土结构 5 号底板
		用途	用于表示单一表代码分类或多种表代码分类结构组合使用时，分类层级少于四级时，为编码结构的整齐与一致性，缺位分级的分类码和顺序码的编码以零补齐	编码	14-91.06.03.00#01.01.0005.0000
5	不同表代码概念集合的元素唯一标识编码	含义	采用两种以上表代码组合表示的对象唯一标识编码	工程实例	排水泵站站身的 2 号支墩
		用途	用于表示多种表代码分类结构的组合使用时，对其中一个表代码 14(元素)的最小级别(小类或细类元素)进行顺序细分	编码	10-90.20.20.00+12-90.20.25.00+14-91.06.06.09#01.01.0001.0002

续表 4

序号	对象分类和唯一标识编码应用类型	规则描述		实例	
6	不同表代码概念集合的元素多重唯一标识编码	含义	采用两种以上表代码组合表示的对象唯一标识编码，且其中两种以上表代码包含对应的顺序码	工程实例	3 号泵闸(站＋闸＋站)2 号站身的 4 号支墩
		用途	用于描述多种表代码分类结构的组合使用时，对其中两个以上的表代码均建立顺序码，且顺序码可为多级顺序	编码	10-90.20.20.00＃01.01.0003.0000＋12-90.20.25.00＃01.01.0002.0000＋14-91.06.06.09＃01.01.0001.0004

注：1　本表编码的具体组成详见表 5。

2　每级的顺序码应从 1 开始编号，格式为“01”或“0001”，且同类对象宜连续编号。

表 5　信息模型编码实例的编码组成表

序号	实例	编码组成										
		分类	以功能分建筑物			+	以功能分建筑空间			+	元素		
		编码结构	表代码-分类码	#	顺序码		表代码-分类码	#	顺序码		表代码-分类码	#	顺序码
1	排水泵站站身的支墩	对象分类	水工建筑-泄/排水建筑物-排水泵站				水工建筑物-泵站-站身				水工结构-泵闸混凝土结构-墩墙-支墩		
		编码	10-90.20.20.00			+	12-90.20.25.00			+	14-91.06.06.09		
2	泵闸混凝土墩墙的2号支墩	对象分类									水工结构-泵闸混凝土结构-墩墙-支墩		
		编码									14-91.06.06.09	#	01.01.0001.0002
3	第3工区泵闸混凝土结构第4组墩墙的2号支墩	对象分类									水工结构-泵闸混凝土结构-墩墙-支墩		
		编码									14-91.06.06.09	#	01.03.0004.0002

续表 5

序号	实例	分类	以功能分建筑物			+	以功能分建筑空间			+	元素		
		编码结构	表代码-分类码	#	顺序码		表代码-分类码	#	顺序码		表代码-分类码	#	顺序码
4	泵闸混凝土结构5号底板	对象分类									水工结构-泵闸混凝土结构-底板		
		编码									14-91.06.03.00	#	01.01.0005.0000
5	排水泵站站身的2号支墩	对象分类	水工建筑-泄/排水建筑物-排水泵站				水工建筑物-泵站-站身				水工结构-泵闸混凝土结构-墩墙-支墩		
		编码	10-90.20.20.00			+	12-90.20.25.00				14-91.06.06.09	#	01.01.0001.0002
6	3号泵闸(站+闸+站)2号站身的4号支墩	对象分类	水工建筑-泄/排水建筑物-排水泵站				水工建筑物-泵站-站身				水工结构-泵闸混凝土结构-墩墙-支墩		
		编码	10-90.20.20.00	#	01.01.0003.0000	+	12-90.20.25.00	#	01.01.0002.0000	+	14-91.06.06.09	#	01.01.0001.0004

另外，本标准规定的水利工程信息模型分类和编码符合现行国家标准《建筑信息模型分类和编码标准》GB/T 51269 要求，目前该标准的元素分类编码至 14-50。本标准对水利工程元素编码进行扩展，扩展后对水利工程（水工建筑物）整体以 90 编号，即附录 E-1 中“10-90. * *. * *. * *”表示水工建筑物分类（以功能分建筑物），附录 E-2 中“12-90. * *. * *. * *”表示水工建筑物空间分类（以功能分建筑空间）。将水利工程信息模型元素按四个专业整理和分类编码，分别是水工结构专业为“14-91. * *. * *. * *”，水力机械专业为“14-92. * *. * *. * *”，金属结构专业为“14-93. * *. * *. * *”，电气专业为“14-94. * *. * *. * *”。

4.2.8 本标准规定的对象编码规则可结合现行国家标准《建筑信息模型分类和编码标准》GB/T 51269 中的其他表编码进行，例如描述对象生产的工具用表代码 32 进行，描述对象的材料属类用表代码 40 进行等。

当编码层级过多时，可编制满足一般建设交付需求的层级，更深层级编码可采用其他编码规则结合本标准编码规则使用。例如：电气专业对象按表 14 元素进行分类编码时，如果要延伸到“电气柜的主元器件”时，表 14 的对象编码层级可能需要达到 7～8 级，本标准仍采用编至 4 级的“电气柜”，而电气柜中的主元器件则由生产厂商采用产品编号的方式进行细化，细化后可与本标准的表 14 形成的“电气柜”编码组合使用。

4.3 数据交互和交付

4.3.1 数据传递的方向包括提供方内部、上下游之间（可以为同专业不同应用场合或不同专业不同应用场合），以及项目各参与方间。理论上，不同软件之间的数据转换将不可避免地产生数据丢失，包括几何和非几何信息丢失，鉴于现阶段各软件输出为专用或通用格式文件的能力有差异，在实际应用中也存在不同文件格式、不同版本导致转换偏差等情况，应在正式交付前对拟采用格式进行测试并经双方确认。交互与交付前，应清理冗余信息，并进行统筹归类。

4.3.2 数据交互包含两个层次：一是数据提供方内部数据传递；二是数据提供方和外部接收方的数据传递。数据交互应基于一定的目的性，参与方应根据应用需求，评估确定交互采用的方式。

当项目各参与方采用不同的信息模型平台时，由于通用数据格式一般具有较好的开放性和共享性，且使多个软件间可以同时互用，数据接收方可作为基础数据存储并进一步与其他项目系统整合和数据交互，因此，本条规定数据交互与交付宜采用工业基础类（作为一种通用格式）；在工程建设管理和运维中，有时为了提高数据交付效率和数据安全性，可采用三维不可编辑格式进行数据交付。

另外，由于通用格式在不同软件平台基础上数据兼容性各不相同，为了避免不同平台在通用格式发布时的数据损耗，也可在项目数据交互中根据需求约定其他数据格式，在两种不同软件间进行格式转换时，以应用简便、数据损耗低、数据传递高效为评判准则。

4.3.3 数据交付前，宜对数据进行属性标识，便于统筹归类，建立存储、共享和扩充数据的调用和索引关系。属性标识包括数据级别（见表6）、数据来源和数据用途（见表7）、数据格式（见表8）；宜在数据属性标识归类的基础上对数据内容进行完整性与准确性检查。

表6 数据级别

代码	类别
1	法律法规、强制性标准或条文所要求的数据
2	必要数据
3	可选数据
4	临时数据

表 7　数据来源/数据用途

代码	内容
E	规划
I	勘察
D	设计
C	施工
R	运维
DE	拆除

表 8　数据格式

代码	格式
SD	结构化数据
NF	源文件
EP	电子图片

4.3.5　由于信息模型数据完整保存主要通过数字形式，所以数据的权限安全、网络访问安全、硬件备份安全等要求比一般数字文件要高。在满足有效安全规则的前提下，应对模型数据及时存储以避免丢失和残缺。

5 协同工作

5.1 一般规定

5.1.1 水利工程信息模型实施过程中，宜建立协同平台，对角色、数据、流程、行为进行统筹管理，实现按角色权限访问数据，并建立标准化流程，对各种行为进行高效管理。

5.1.2 数据是水利工程信息模型的核心，数据协同是水利工程信息模型实施的基础与内在要求，应能实现同一平台内部、不同平台之间的数据协同；基于水利工程信息模型数据协同实现建设过程各方的管理协同是水利工程信息模型实施的基本目标与出发点。

5.2 协同方法

5.2.1 协同工作的阶段是指项目的项目建议书阶段、可行性研究阶段、初步设计阶段、施工图设计阶段、施工和竣工阶段、运维阶段；应用是指各阶段水利工程信息模型应用；任务则指各应用中具体的水利工程信息模型建模、编码、轻量化等。

5.2.2 角色包括总负责人、系统管理员、项目管理员、校审人员以及设计人员；总负责人具有统筹、规划的权限，系统管理员对全局有完全控制权限，项目管理员对该项目有完全控制权限，校审人员对指定项目有审核、查看、批注的权限，设计人员对指定的文件夹及其中文件具有可编辑的权限；行为是指数据的搜集、提资、数据的输入输出条件等；关系是指文件与角色、文件与文件的逻辑关系；节点是指整个流程和环节的处理时效，如项目最终审查时间节点,成果最终交付时间节点等。

5.2.3 环境配置可按全局与项目层级建立底层数据、共享元素、特征属性与实施项目的指向关系。

5.3 协同平台

5.3.1 协同管理平台是以水利工程信息模型和互联网数字化同步功能为基础,以项目建设过程中采集的工程进度、质量、成本、安全等动态数据为依据,并结合项目各参与方管理流程和职责的相关平台产品进行项目建设协同管理的过程。其管理范围涵盖业主、勘察、设计咨询、施工、运营维护等单位。项目各参与方可根据自身需求建立自身的协同管理平台,或构建业主、设计、施工等统一的协同管理平台,各方工作流程差异较大或项目组织过于庞杂时也可采用带相关数据接口的平台。

不同参建方在协同平台中的角色定位与目标如下:①业主方的协同管理平台,应实现其对建设项目全过程往来函件、图纸、合同等资料的收集、查阅、审查等,便于业主方及时掌控工程项目建设进度、工程质量、施工安全以及工程投资控制情况等,实现项目建设目标,提升业主方对项目的投资控制能力与管理水平。此外,业主方的协同管理平台还需具备与相关方 OA 管理平台、云技术数据管理、虚拟现实技术终端互联、智慧城市等多元异构系统集成的功能;②设计方通过协同管理平台,应实现其对建设项目基础资料、专业协同、设计数据、设计变更等方面的管理,实现基于项目的资源共享、设计文件的全过程管理和协同工作,进而提升设计质量;③施工方通过协同管理平台,应实现建设项目管线综合、进度模拟与控制、成本控制、质量安全、工程量及合同资料等方面的控制与管理,实现工程建设信息在各角色间的高效传递和实时共享,为决策层提供及时的审批及控制方式,提高项目规范化管理水平和质量;④咨询方的协同管理平台应结合水利工程特点，兼顾项目建设各方需求，为工程全生命周期提供水利工程信息模型咨询服务，在项目协同、设计审查、施工质量检查、成本控制等方面发挥作用，提高咨询服务协同工作效率。

5.3.2 协同平台应具有文件实时更新功能，确保平台文件为最新版本。文件统一存储与管理是确保文件安全与知识产权保护的必然要求，同时也是提升信息管理、共享价值的最佳选择。项目的参与方包括业主、勘察、设计、施工、咨询、运维等；工作空间可用来存储资料性文件、标准性文件、共享元素与文件、模型资源等。

5.3.3 文件命名规则的制定应遵循便于查阅与搜索的原则，如可采用编码类、缩写类、注释类、时间类、序号类等命名文件或组合命名。

5.3.5 协同工作平台的权限应与文件架构、用户角色、工作任务等关联，当文件架构、用户角色、工作任务等发生变化时，应能及时调整各参与方权限；划分权限工作范围时应尽量避免重叠。文件管理权限一般可分为不可见、只读、编辑。

5.3.6 文件及数据的参考指通过链接方式，将模型、图纸、文件等组合为一个总的集成模型。依存关系指协同平台具有展示模型、图纸、文件等链接拓扑关系的功能。

6 信息模型应用

6.0.1～6.0.2 本节主要阐述水利工程信息模型在工程全生命周期中的具体应用点。其中标识为“应”的应用点为要求型应用，是基于相应模型应该完成的应用点；其中标识为“宜”的应用点为推荐型应用，是目前行业内运用相对成熟的应用点，可有效提高建设效率，增强设计、施工、运维的技术优化程度，减少不同环节间的信息割裂与传递障碍。标识为“应”和“宜”的应用点在本标准第7～12章中进行了详细规定；标识为“可”的应用点作为辅助性手段，是在信息模型应用中可选择实施的应用点。

表6.0.1中列出各阶段主要的模型应用内容，随着工程复杂度的不同，亦可按需求增加相关应用点。各阶段模型应用并非完全独立，在模型应用方面，应充分共享模型，避免重复建模；应该指出，各模型应用点均是基于模型，有部分交叉，应建立合理的信息模型流程框架，避免数据混乱，各阶段的信息模型宜具有继承性，如在可行性研究模型基础上细化并继承其主要几何特征和基本属性特征后生成初步设计模型。

针对各种应用点，如统计表、文档、注释等模块，应尽可能与模型集成，无法集成的部分应形成水利工程信息模型数据包，统筹整理。应建立水利工程信息模型应用实施规划，对每一个应用点形成分析报表，最终形成全生命周期的总装模型应用数据集。

各阶段信息模型的具体应用可参考《水利水电工程各阶段报告编制大纲》SL617～SL619；施工和竣工阶段的模型应用还可参考现行国家标准《建筑信息模型施工应用标准》GB/T 51235的相关规定，将相应应用点列入第7～12章中的对应阶段中。对于表6.0.1中的同一应用点，可在部分不同阶段均有所应用，只是按照水利工程不同阶段技术路径、要求、实施方法的侧重有所不同，具体包含模型精细度、专业技术要求、应用深度、数据侧重点、实施流程等方面。例如施工进度虚拟仿真在初步设计阶段进行时按本标准第 9.3 节进行，若应用于施工图阶段时，应进一步根据模型细分后的原则，将施工图设计时的进度信息进行调整、深化与细化；若应用于施工时，应用范围则进一步扩大至实际进度与计划进度的比对分析，现场用料、机械、分部分项工程划分等。

7 项目建议书阶段

7.1 场地现状仿真

7.1.1 基于目前行业技术发展以及技术经济合理性，对项目建议书阶段的场地现状仿真、选址及选线一般应用于站点工程，项目主导方对特殊带状工程有要求时，也可按本条执行。场地现状仿真可采用 GIS 数据、规划资料等作为应用的基础数据，提高模型应用的效率和基础条件。

7.1.2 场地现状仿真流程图可参考图 4。

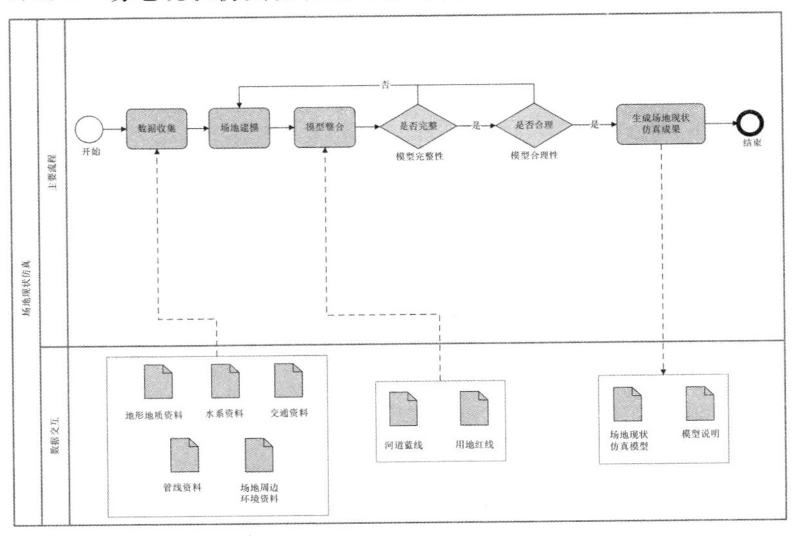

图 4 场地现状仿真

本标准的水利工程信息模型应用流程图图例如表 9 所示。

表 9　水利工程信息模型应用流程图图例

元素	符号	说明
任务		表示流程节点的活动
网关		控制序列流的分支和聚合
序列流		定义流程节点活动的顺序指向
信息流		流程节点与数据对象的信息传递指向
数据对象		描述任务需要或者产生的数据
泳道	标题 泳道 2 泳道 1	用于区分不同的参与对象、功能作用与流程框架
开始事件		流程的起始点
结束事件		流程的结束点

7.2 工程选址及选线

7.2.2 工程选址及选线流程图可参考图5。

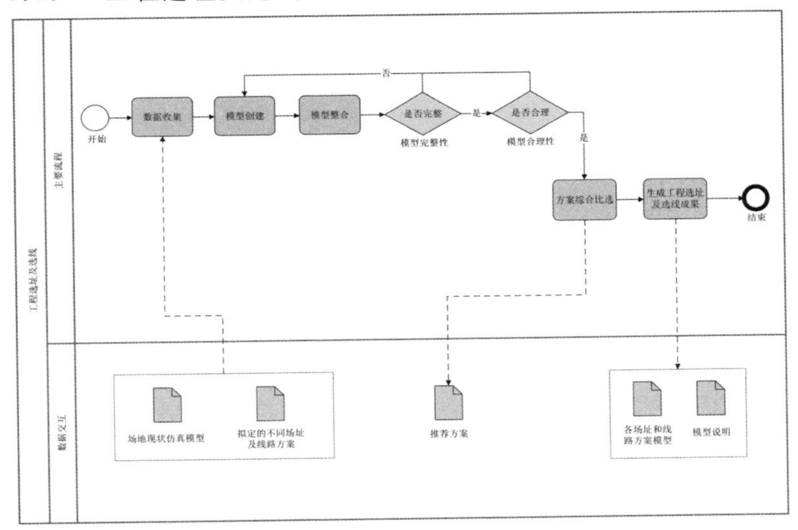

图5 工程选址及选线流程图

8 可行性研究阶段

8.1 地形和地质分析

8.1.1 根据现行行业标准《水利水电工程可行性研究报告编制规程》SL 618 的规定，可行性研究阶段要求选定厂址，选定主要建筑物型式。为了能满足可行性研究阶段工程选址、主要建筑物选型的需要，应在本阶段进行三维场地建模。

可行性研究阶段进行三维场地建模，应基于电子地图、GIS 数据、规划文件等基础数据。若项目建议书阶段已有场地现状仿真模型成果，本阶段应在其基础上进行深化，保证场地模型深度满足本阶段工程选址及主要建筑物选型的需要。

三维场地建模及运用的一般流程包括：①收集数据，修正原始数据中明显不合理的错误；②运用软件进行场地建模，判断模型是否满足本阶段水利工程信息模型应用的要求；③根据工程特点，借助软件模拟分析场地数据，如坐标、距离、面积、坡度、高程、断面、填挖方、等高线等；④整合场地数据，进行工程设计，推荐设计方案。

8.1.2 进行场地分析，主要是利用建立的三维场地模型，评价各比选方案与现状场地的适应性，提出场地条件对工程设计方案比选的影响。进行场地方案设计，场地模型应能体现工程影响范围内的场地边界（如河道蓝线、用地红线、规划绿线、高压黄线）、管线、道路、周边建筑物等，提出以上边界条件对工程方案比选的影响程度，得出工程场地分析结论。场地设计方案和工程设计方案的比选需要经过逐渐充实、深化的过程，逐步推选出最佳方案。

建立三维地质模型的操作流程包括：①收集数据；②地质建

模,判断模型是否准确完整;③借助软件模拟分析地质情况,如地层分布、岩层产状、不良地质条件、土层物理力学性质等;④整合地质数据,进行工程选址及主要建筑物选型。

三维地质模型的建立,有利于进行各种三维空间分析、展示三维地质空间形态,将大量地质勘察数据集成于三维立体场景中,能直观的展示工程各部位的地质条件,体现地质情况分布如地层分布、边坡、水位等,快速发现传统二维设计中易忽略的地质问题,从而提高设计效率,减少设计失误。然而目前三维地质模型的建模难度、建模成本(包括时间成本、费用成本)较大,主要体现在:不同阶段的勘察要求不同,采用上一阶段的地质模型及新的地质资料,拟合生成下一阶段的地质模型,往往需要重新进行三维地质建模,建模工作量较大,花费时间多。

鉴于三维地质模型的上述问题,建议在大中型、地质条件复杂的工程中进行三维地质建模及分析。地质模型分析报告应评价各比选方案存在的主要地质问题,得出工程地质条件和工程地质模型问题分析结论,其内容应满足现行行业标准《水利水电工程可行性研究报告编制规程》SL 618 中工程地质章节的相关内容。

地形和地质分析成果是利用三维场地和地质模型,对现状场地进行分析与评价,包括但不局限于:现状场地概况、场地分析成果、场地适应性评价、场地分析结论。

8.2 总体布置

8.2.1 根据地形地质、规划情况、周边相关现有工程设施如管线等资料,进行建筑物布置及施工布置,通过可视化的三维场景进行总体布置方案综合论证。

8.2.2 工程总体布置流程图可参考图 6。

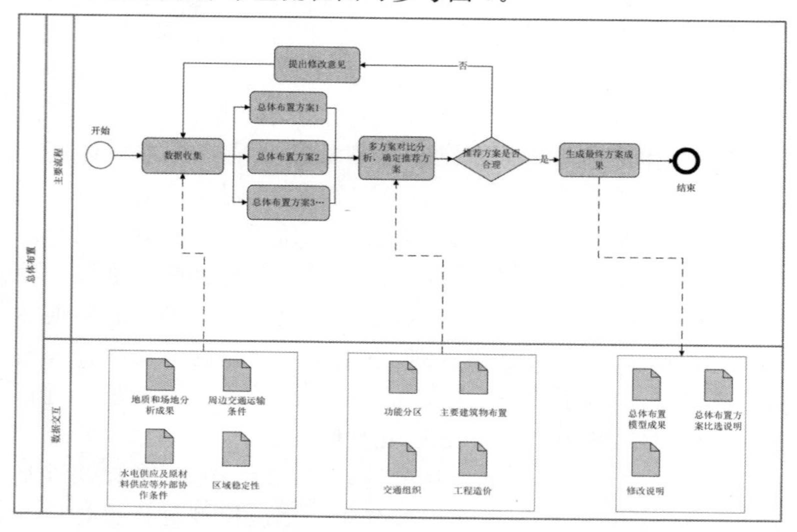

图 6　总体布置流程图

8.3 主要建筑物及设备型式方案比选

8.3.2 主要建筑物及设备型式方案比选应用流程如图7所示。

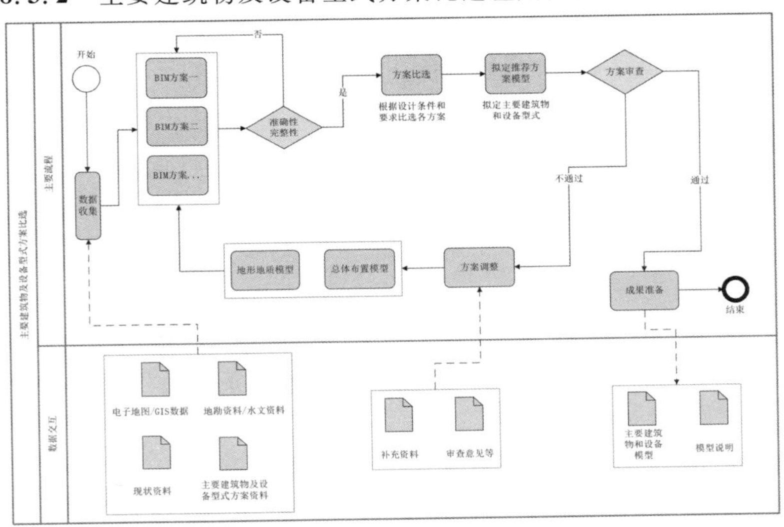

图7 主要建筑物及设备型式方案比选流程图

8.3.3 设计方案信息模型应体现选定方案的主要建筑物的结构型式、主要控制高程、主要结构尺寸等，并作为初步设计的依据。

设计方案比选报告应包含能体现工程设计要点和重要部位的信息模型截图图片，以及由模型生成的主要平面、立面、剖面等二维图纸，以清楚展示比选方案；还应包含可行性分析的成果，阐明以信息模型作为分析对象得出的各方案的工程影响及效果比较的结果，说明推荐方案的依据。

9 初步设计阶段

9.1 建筑物尺寸确定及设备比选

9.1.3 主要建筑物及设备多专业综合三维模型及说明指的是针对设备的型式、数量和布置所作的主要说明、土建模型与设备模型的布置方式、主体构件主要几何数据与主要物理参数、模型控制性尺寸的三维标注和注释、土建与设备的碰撞检查及调整优化结果等。

9.2 概算工程量统计

9.2.1 概算工程量统计是在水利工程初步设计模型的基础上，通过规则制定、编码映射、构件属性信息完善等深化操作，形成概算模型，并基于该模型直接提取概算工程量。目前，基于信息模型中建筑物及设备对象的几何算量并不能直接等同于工程算量。工程算量的计算方法和折减方式需综合考虑多方面因素，该项工作应由专业的造价人员完成。几何算量的原则是以清单形式统计工程内容，以校准是否符合相关设计指标。虽然几何算量不等同于工程算量，但是二者存在一定联系，基于模型的工程算量正在逐步实现。

9.2.2 概算工程量统计流程图可参考图 8。

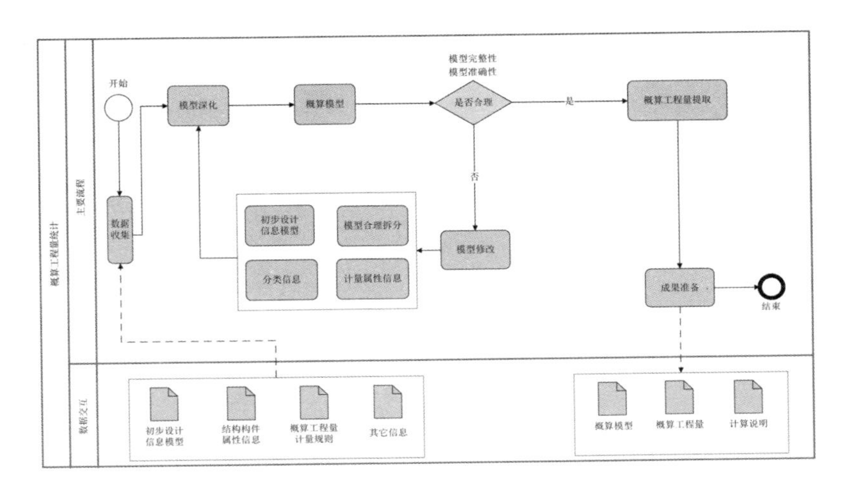

图 8　概算工程量统计流程图

9.3　施工进度虚拟仿真

9.3.1　初步设计阶段信息模型应满足相应的建模深度，并且模型应能根据施工进度计划切分和分组，为后期施工虚拟仿真做准备；施工方案的文件和资料包括：初步设计图纸、施工条件、施工总体实施方案及步骤、施工总进度计划安排、主要施工机械设备、施工风险预防措施等。

9.3.2 施工进度虚拟仿真流程图可参考图9。

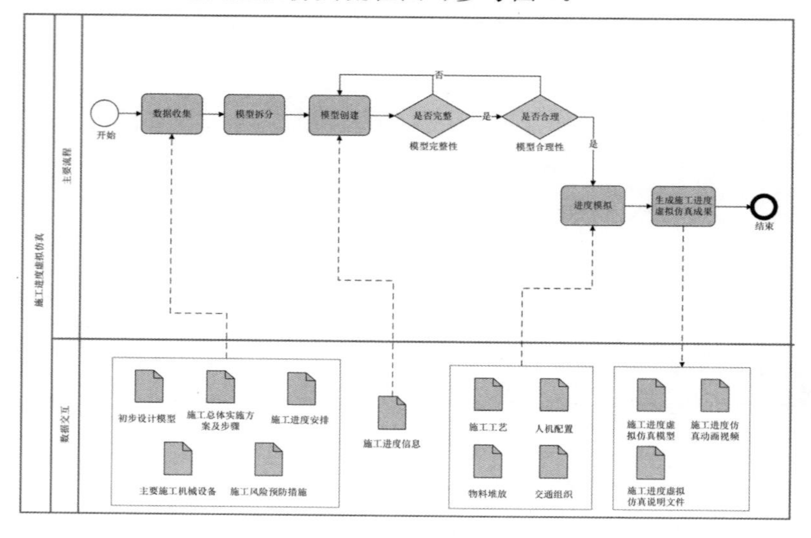

图9　施工进度虚拟仿真流程图

10 施工图设计阶段

10.1 模型会审

10.1.4 管线综合与碰撞检查是检查不同对象之间的相对几何关系，用于碰撞检查的子模型一般包括土建交付模型、设备交付模型、其他管线及设施模型。碰撞分为硬碰撞和软碰撞，硬碰撞指两种对象部分或全部重叠，如泵站站身和水泵模型有相交；软碰撞指设施设备安装、巡视检查等净空不满足相应要求，如水泵管路系统与泵站土建设施之间缺少一定的安装和巡视空间。

10.1.5 管线综合与碰撞检查流程参见图10。

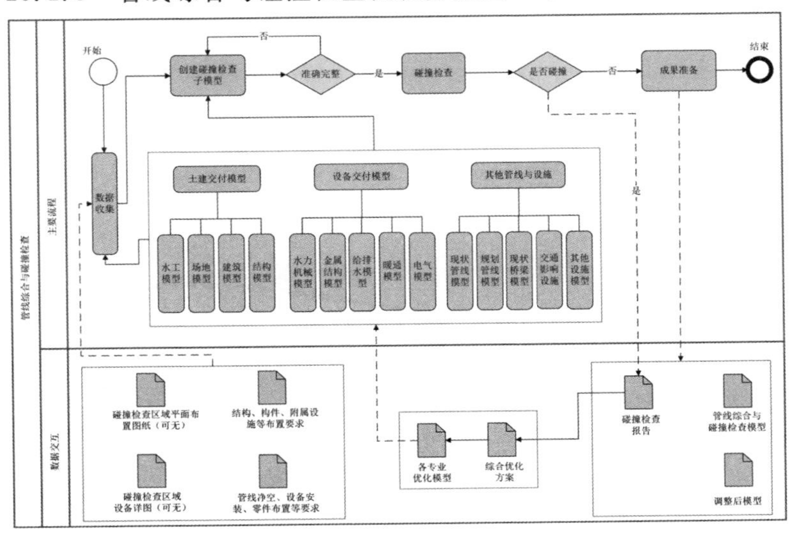

图10 管线综合与碰撞检查流程图

碰撞检查模式的选择决定碰撞检查的总体工作量和工作时间，分类越细，检查输入越多，条件越多，碰撞检查时间越长，检查结果的二次人工筛选和整理越复杂，因此要选择与工程需求相匹配的碰撞检查模式。

由于目前三维应用软件在做碰撞检查时，通常输入的条件有限，在进行较复杂的碰撞检查时，实际条件数量可能超过软件输入条件数量限制，造成软件检查结果中仍存在个别不必要和不合理的碰撞结果，因此需要对软件检查结果进行二次人为筛选，排除不必要的检查结果。

碰撞检查完成后，根据碰撞检查结果调整信息模型。调整前的信息模型应作为设计阶段信息模型的一个有效版本，用来对工程项目的其他设计问题进行归类，降低设计差错和疏漏；调整后的信息模型交付给建设单位，同时设计单位对交付模型进行归档。

10.1.7 专业三维会审是对本专业三维总体设计进行校审，主要包括：本专业各部分结构型式、总体布置是否与项目总体策划匹配；专业内部是否存在不匹配之处；本专业结构是否与其他专业存在干扰、冲突。

项目三维会审是在各专业完成本专业三维总体设计和三维会审后，项目组召开项目三维会审会议，集中对项目总装模型进行会审的过程，主要包括：项目总体布置是否合理、美观；各专业间的结构、设备、管线是否存在干扰、冲突；孔洞、通道、集水井等隐蔽工程是否满足功能及使用要求；讨论、协调专业间的布置冲突；确认各专业的三维设计进度是否满足要求。

10.2 主要设备运输和吊装检查

10.2.2 主要设备运输和吊装检查流程可参照图11进行。

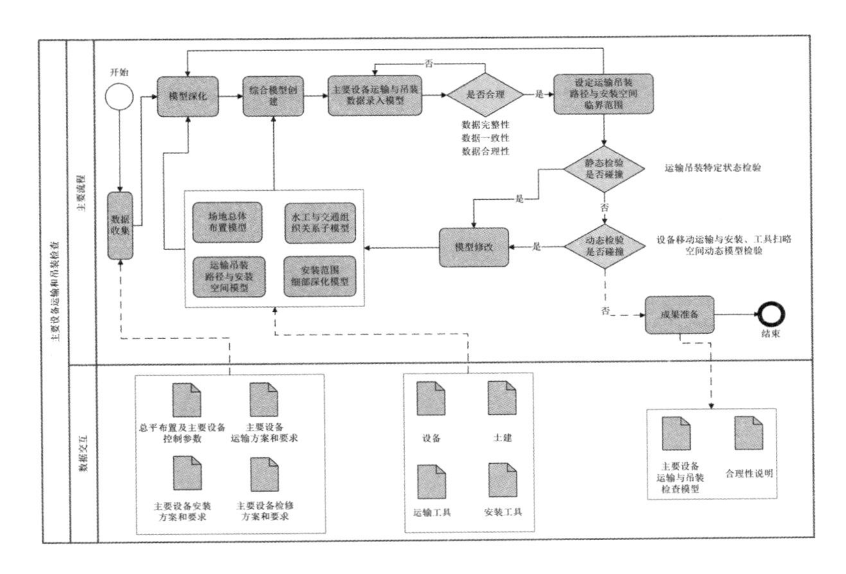

图 11　主要设备运输和吊装检查流程图

10.3　制图发布

10.3.2　制图发布建立在对模型以一定规则进行剖面、投影、视口参照。图纸版本应与模型版本相一致，图纸内容应是模型内容的二维（或三维）表现，当模型发生变化时，图纸应即时批量自动更新。

10.3.3　在原行业制图标准和企业制图标准的基础上制定水利工程信息模型制图标准。模型制图的文字、线型、线宽、图例、图签、注释等规则宜通过三维应用软件制定各专业制图模板文件，将模板文件作为共享元素，通过协同平台推送至专业用户，从而达到三维制图的标准化。

10.3.4　水利工程中异形结构、复杂结构、复杂节点，如流道、溢洪道、蜗壳、弯道、扭面挡墙、衔接段等仅采用二维图不仅制图相对复杂且不易表达清楚，此时可在其图中添加与其二维图对应的三维视口，形成一个二维和三维同步表达工程专业对象的图纸。

10.3.5 在图纸发布后，往往由于设计变更的需要或阶段内的错误修订等原因而造成部分图纸内容修改，针对修改的内容应及时调整模型，调整后的模型称为升版模型。这种对图纸和模型维护的版本和修改记录应留档，新版图纸的发布必须基于升版模型进行，若无需求可不再发布图纸，仅将升版模型作为下阶段交付的数据载体。

10.3.6 制图发布流程可参照图12进行。

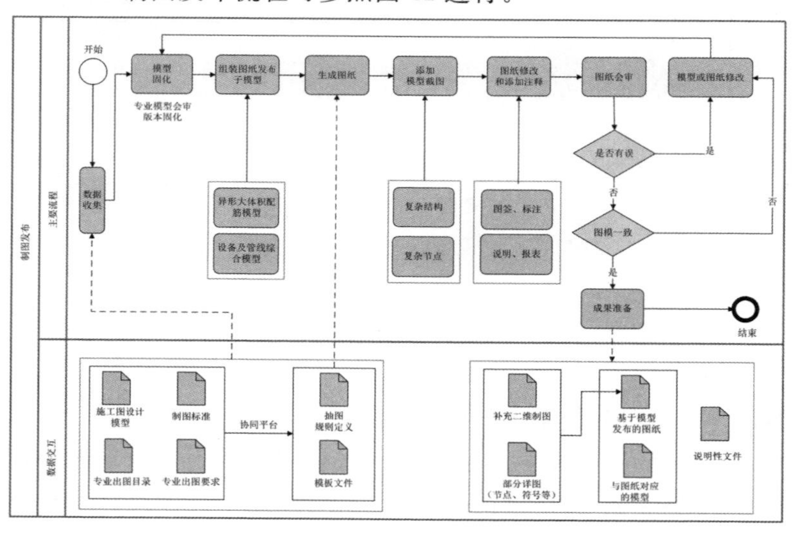

图12　制图发布流程图

10.4　效果渲染与动画制作

10.4.1 通过三维技术改善施工前期准备条件，很大程度上减弱了设计与施工之间的信息障碍，也为从设计到施工这一中间地带保证了信息传递的准确性与可靠性。

基于模型开展效果渲染和动画制作应用时，应采用最新版本的信息模型，效果渲染和动画制作应尽量贴合工程建成后的面貌。效果渲染与动画制作可按照精细程度划分为细部效果渲染与动画制作、场景效果渲染与动画制作。

效果渲染视口应与模型具有联动关系，以此提高实时渲染的效率；科学合理的漫游轨迹能全面、充分表达项目的建设内容与项目建成后的真实场景；宜采用三维建模软件直接对施工图设计模型进行效果渲染和动画制作，需要导入其他专用软件时，宜采用专用数据格式保障模型数据的完整性。

10.4.2 效果渲染与动画制作具体实施的流程详见图 13。

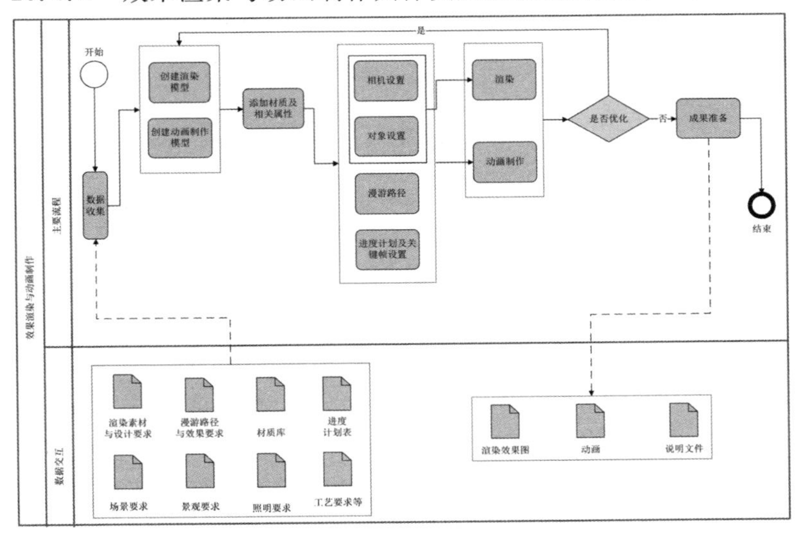

图 13　效果渲染与动画制作流程图

11 施工和竣工阶段

11.1 施工场区布置

11.1.2 施工场区布置模型中应结合水文信息、近河侧开挖回填影响、航道通航影响等，比选施工期导流和截流对场区布置及施工过程的影响，将影响范围内水体与深基坑主要影响范围的水位监测信息及时反馈到模型中，优化场区布置模型，构建施工场区布置模型。

施工场区布置流程可参照图14进行。

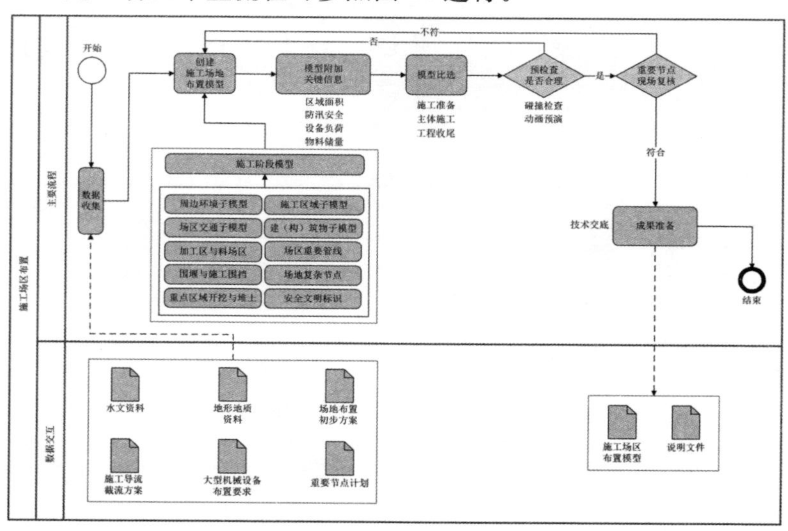

图14 施工场区布置流程图

11.2 施工进度控制

11.2.2 施工进度控制流程可参照图 15 进行。

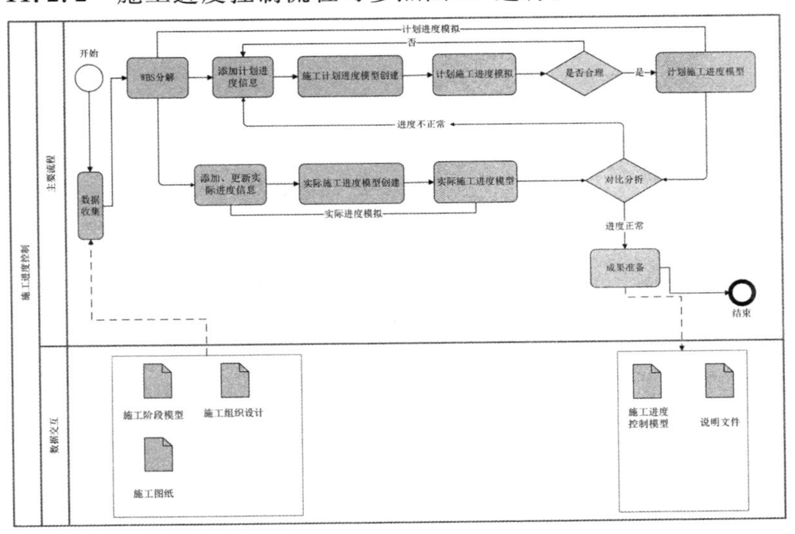

图 15 施工进度控制流程图

11.3 施工质量控制与安全控制

11.3.2 施工进度控制流程可参照图16进行。

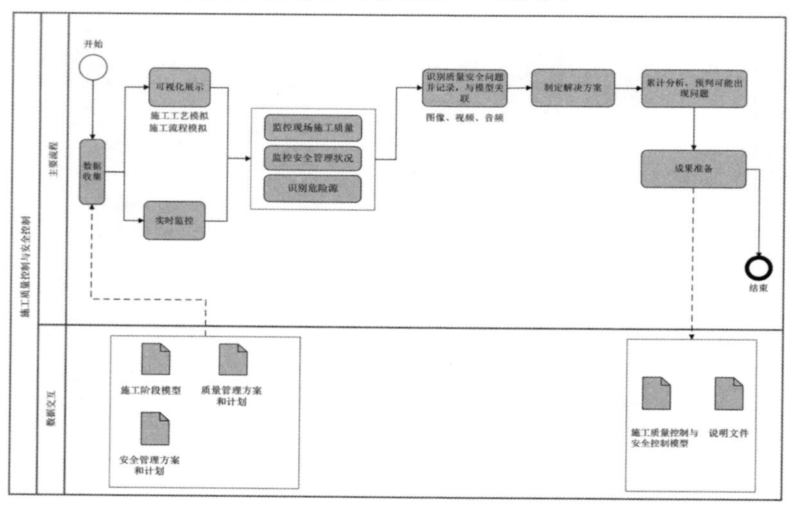

图16 施工质量控制与安全控制流程图

11.4 造价管理工程量计算

11.4.1 造价管理模型是基于施工图设计模型和施工图预算模型，并依据设计变更、现场签证、往来函件、进度成本信息、人材机配置等动态调整而来，对变更资料、数据标准及造价管理模型的时效性要求极高，以此来提高施工工程量计算的效率。

11.4.2 造价管理模型应能正确体现计量要求，准确表达施工过程工程量的计算结果与相关信息，并能配合施工造价管理的相关工作；造价管理工程量报表应能准确反映构件净工程量，并符合水利工程相关规范及计量工作要求；编制说明应能表述本次计量的范围、依据与要求等。造价管理工程量计算流程可参照图17进行。

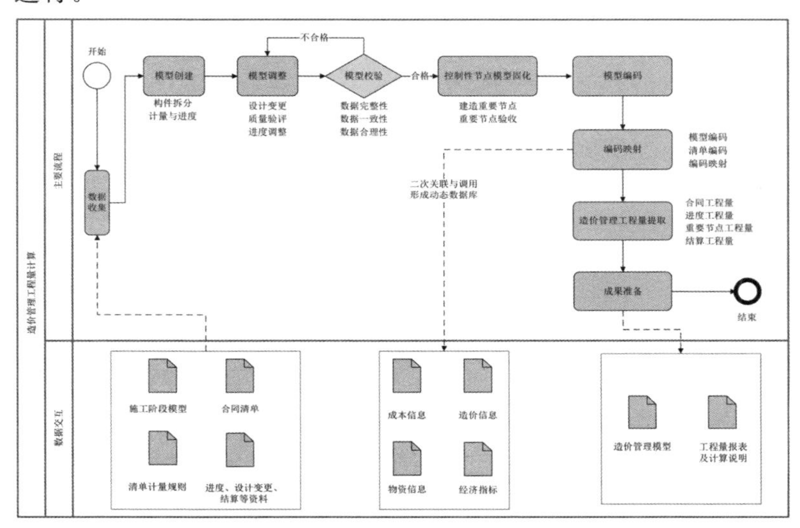

图17　造价管理工程量计算流程图

11.5　竣工模型构建

11.5.1　竣工模型可基于施工过程模型，通过进一步补充完善施工过程中新增、修改的变更资料、施工管理与技术资料、施工试验与检测资料、过程验收资料、竣工质量验收等资料，从而为竣工交付和运维阶段的应用提供数据基础。相关资料需符合国家、行业、企业相关规范、标准要求。

11.5.2 竣工模型构建如图 18 所示。

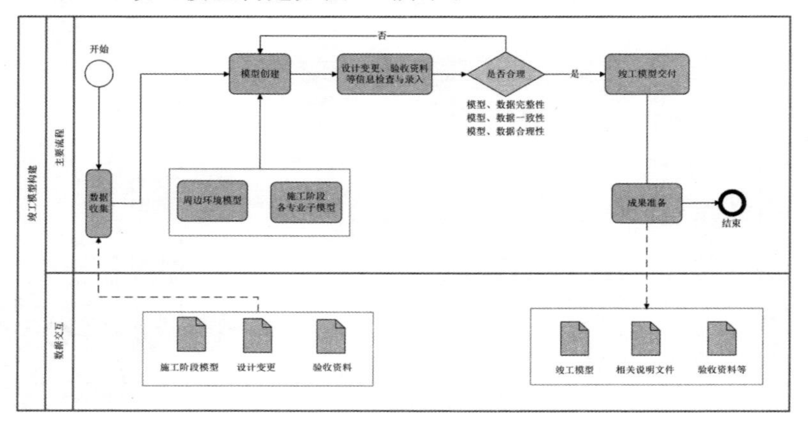

图 18　竣工模型构建流程图

12 运维阶段

12.2 安全监测

12.2.1 通过工程安全监测系统信息模型和相应监测点的监测信息，分析、评价相应监测点位的安全状态，全面提升工程安全监测精度和效率，确保工程安全。

12.4 资产管理

12.4.1 基于水利工程运维信息模型，收集和添加资产信息形成工程资产动态管理库，为工程运维和财务部门提供信息查询、资产管理报表、财务报告等便利，提升运维管理信息化水平。